농촌체험휴양마을 으뜸촌

양평 수미마을

농촌체험휴양마을 으뜸촌

양평 수미마을

초판 1쇄 인쇄 ㅣ 2021년 4월 5일
초판 1쇄 발행 ㅣ 2021년 4월 15일

글 ㅣ (사)한국농어촌아카데미
사진 ㅣ 수미마을
펴낸이 ㅣ 김남석
기획·홍보 ㅣ 김민서
편집부 이사 ㅣ 김정옥
편집 디자인 ㅣ 최은미

발행처 ㅣ ㈜대원사
주   소 ㅣ 06342 서울시 강남구 양재대로 55길 37, 302
전   화 ㅣ (02)757-6711, 6717∼9
팩시밀리 ㅣ (02)775-8043
등록번호 ㅣ 제3-191호
홈페이지 ㅣ http : //www.daewonsa.co.kr

ⓒ (사)한국농어촌아카데미, 2021

Daewonsa Publishing Co. , Ltd
Printed in Korea 2021

ISBN ㅣ 978-89-369-2170-5

농촌체험휴양마을 으뜸촌

양평 수미마을

글 ㅣ (사)한국농어촌아카데미
사진 ㅣ 수미마을

대원사

🌱 머리말

　'(사)한국농어촌아카데미'는 한국 농촌체험휴양마을의 으뜸촌인 수미마을의 발전 과정과 미래를 담은 단행본을 발간하고자 한다.

　수미마을은 한국의 농촌체험휴양마을을 대표한다. 2013년 농림축산식품부가 시행하는 체험휴양마을 등급 평가에서 최고 등급인 '으뜸촌'으로 선정되었으며, 현재까지 그 지위를 변함없이 유지하고 있다. 전국에 1천 개가 넘는 체험휴양마을 중에서 수미마을을 포함한 단 2개의 마을만이 이러한 조건을 충족한다.

　수미마을은 2006년 체험휴양마을사업에 참여한 이래 관련 자료를 체계적으로 정리하여 마을 사무실에 보관하고 있다. 또한 사업에 처음으로 도전하였던 마을의 리더와 마을 주민들이 지금까지도 열의를 가지고 사업에 참여하고 있다. 연구에 필요한 자료 수집에 용이하고, 주민 인터뷰를 통하여 부족한 자료의 보완이 가능하다. 수미마을을 연구하는 데 최적 시점이다.

　최근 농촌 마을 개발사업들은 중앙에서 지방으로 이양되면서 주민자치 요소가 강화되고 있다. 그러나 사업의 실천 과정을 지방정부와 주민이라는 발전 주체의 관점에서 제대로 기술한 연구 사례는 흔치 않다. 중앙정부 차원의 거시적 정책 연구가 다수를 차지한다. 지방보다는 중앙이 핵심 주체였기 때문이라 생각된다. 또한, 마을의 성장과 변화에 대한 장기적 연구보다는 특정 사업에 대한 단기 성과를 소개하는 연구가 많다. 성공 사례의 홍보가 주된 목표였기 때문이다. 오랜 기간 다양한 농촌 마을이 사업 수행 과정에서 습득한 현장의 귀중한 지식과 경험들이 축적·승화되지 못하고 있다. 안타깝고, 가슴 아픈 일이다.

이 연구는 수미마을이 2006년 체험휴양마을사업을 시작한 이후 현재까지 15년 동안 마을 리더와 주민들의 헌신적 노력으로 '한국의 대표적 농촌 마을'로 성장시키는 과정을 단계별로 기술하고 있다. 마을 시스템 구축·프로그램 구상과 혁신·시설 설치와 관리 등 전반적인 내용들을 분석하고, 기록과 증언을 토대로 발전 요인을 찾고자 하였다. 이 연구가 체험휴양마을의 개선과 발전에 관심을 가지고 있는 농촌 주민, 공직자 및 연구자 등에게 실무적인 도움과 영감을 줄 수 있기를 기대한다.

끝으로, 이 연구를 수행할 수 있도록 지원·협력해 주신 수미마을 최성준 위원장과 주민 여러분께 깊이 감사드린다. (사)한국농어촌아카데미는 수미마을을 연구 파트너로 만나게 된 것을 소중하게 생각한다. 수미마을과 (사)한국농어촌아카데미는 서로 배우면서 농촌의 새로운 미래를 열어가는 데 기여하고자 한다. 수미마을은 농촌체험휴양마을의 가장 선두에 있다는 자부심과 책임감을 느끼고 있다. "오늘 내가 만든 발자취는 뒷사람의 이정표가 된다(今日我行跡 遂作後人程)."는 서산 대사의 말씀이 생각난다.

2021년 4월
(사)한국농어촌아카데미 이사장 윤원근

차 례

발간사 | 4

머리말 | 6

1 수미마을의 태동

수미마을의 역사 | 14

양평군 단월면 수미마을 | 14

봉상 2리 | 15

수미들 | 15

대낭골과 다리네골 | 16

곱단이 | 17

도토리골 | 20

수미마을의 당시 모습 | 21

논농사 중심의 전형적 농촌 마을 | 21

마을 공동 사업의 여명 | 24

대정부 사업 반대 투쟁 활동 | 28

2 수미마을의 시작

마을 소득 사업 착수 | 34

마을 공동 사업 도입 배경 | 34

마을 공동 사업 도입 계기 | 35

수미마을 체험사업 전개 | 39

체험사업의 시작 | 39

마을 공동 사업 추진 체제 구축 | 44

마을체험사업의 운영 | 46

'(사)물맑은양평농촌나드리' 연계로 활력 제고 | 50

초기 수미마을의 체험사업 운영 성과와 과제 | 55

수미마을 발전 기반 구축 | 55

마을체험사업의 과제 | 59

3 수미마을의 기반 조성

농어촌체험휴양마을 사업자 지정과 등급 심사 | 64

농어촌체험휴양마을 사업자 지정 배경 | 64

수미마을 녹색농촌체험마을 지정 | 66

수미마을 농어촌체험휴양마을 사업자 지정 | 70

농림부 농어촌체험휴양마을 심사 평가 | 74

사업자 지정과 평가 결과의 의미 | 82

수미마을 리더 및 주민 역량 강화 교육 | 84

역량 강화 교육의 배경 | 84

수미마을의 역량 강화 | 86

청년창업농 교육기관, 수미마을학교 | 97

수미마을 역량 강화 효과와 과제 | 101

예비 사회적 기업의 경험 | 107

사회적 공동체 수미마을 | 107

예비 사회적 기업으로 지정 | 109

지정 종료 이후, 위기와 도약 | 112

4 수미마을의 경영 혁신

소사장 제도 도입 | 118

소사장제 도입 배경 | 118

일부 농가가 소사장으로 | 120

소사장, 주민 간의 갈등과 극복 | 124

소사장 운영 체계 확립 | 126

소사장 제도의 성과 | 129

자체 예약 시스템 개발 | 132

자체 예약 시스템 개발 배경 | 132

파트너십으로 자체 예약 시스템 개발 | 134

자체 예약 시스템 개발 성과, 도약의 기초 마련 | 135

5 수미마을의 마케팅 혁신

가족 단위 방문객 유치 기반 조성 | 138

딸기 체험으로 양평군과 공동 마케팅 시작 | 138

농촌 체험 기반 시설 물놀이장 설치, 여름철 비수기 타개 | 144

상시 프로그램(365일 축제) 운영 시스템 구축 | 150

다양한 분야 전문가들과의 파트너십 | 150

365일 축제 완성과 마케팅 믹스 | 160

수미마을의 수상 실적 | 186

대한민국 농촌마을 대상 농촌마을 부문 '대통령상' 수상 | 186

두근두근 농촌 여행 캠페인 '대통령상' 수상 | 189

행복마을 만들기 콘테스트 '장관상' 수상 | 190

수미마을의 공간 변화 | 192

2005년 이전의 시설물 배치 | 192

2005~2010년의 공간 구조 변화 | 194

2010~2015년의 공간 구조 변화 | 196

2015년 이후의 공간 구조 변화 | 198

시설물 배치와 마을 공간 문제 | 200

6 수미마을의 미래, 행복한 수미마을 만들기

수미마을의 여건 변화 | 204

수미마을의 인구 고령화 | 204

농촌관광 환경의 변화 | 209

주민 삶의 질 제고 수요 증대 | 210

수미마을의 발전 방향 | 212

젊은 리더 육성 및 정착 지원 | 213

농촌관광의 새로운 패러다임 및 대응 방안 | 216

주민 참여 활성화와 주민 행복 추구 | 222

수미마을 연혁 | 228

에필로그 | 231

1
수미마을의 태동

 수미마을의 역사

양평군 단월면 수미마을

1899년에 편찬된『양근군읍지』와『지평군읍지』의 기록을 보면 양평군은 양근군과 지평군으로 나누어져 있었다. 1906년 9월 24일에 반포된 칙령 제49호인〈지방 구역 정리건〉에 보면 양근군은 10개 면을, 지평군은 8개 면을 각각 관할하고 있었다. 2년 후, 1908년 9월 14일에 반포된 칙령 제69호에 의거 양근군과 지평군이 병합되어 양평군이 되었다. 1915년 5월 1일, 조선총독부령 제44호에 의해 도제가 실시되어 전국 220개 군에서 218개 군으로 줄어들고, 이때 양평군은 12개 면 112개 리로 구성되었다.

단월면은 지평군 하북면이었다가 1915년 행정구역 개편으로 양평군 단월면으로 개칭하여 오늘에 이르고 있다. 9개 리의 법정리와 17개의 행정리 52개 반으로 구성되어 있으며, 면소재지는 보룡리 343-2이고, 명소는 보산정이 있다.

봉상 2리

'수미마을'은 경기도 양평군 단월면에 위치하고 있는 봉상리의 자연부락 명칭이다. 봉상리는 봉황정(용문면 광탄리) 위쪽에 위치하고 있어 부르게 된 지명이다.

수미마을이 위치한 봉상리는 현재 양평군 단월면에 위치하는데, 본래 지평군 하북면 지역에 속해 있었고, 1908년 양평군에 편입되어 1914년 행정구역이 통폐합됨에 따라 진대리·수미리·복평리·상광리·하곡리·도룡리의 각 일부를 합쳐 봉상리가 되었다.

수미마을이 있는 봉상 2리는 행정구역상 4개 반으로 이루어져 있으며, 자연마을로는 수미들·대낭골·다리네골·도토리골과 터골이 있다.

수미들

봉상 2리의 옛 이름인 수미마을은 천혜의 자원 환경을 가진 복 받은 마을이라고 할 수 있다. 그 이름에서부터 '거둘 수(收)'에 '쌀 미(米)' 자로, 아름다운 경관과 풍요로운 인심을 느낄 수 있다.

마을에 중심으로 흑천이 흐르고 있고, 흑천 주위로 농경지가 형성되어 좋은 쌀, 맛있는 쌀이 많이 난다고 하여 붙여진 이름이다. 마을 뒤쪽에는 200여 미터가량의 높지 않은 수리봉이 마을을 감싸고 있으며, 수리봉 아래로 20여 가구가 살고 있다. 마을 앞의 국도 건너편에는 논농사와 하우스 재배를 하는 넓은 경작지가 있어 예로부터 질 좋은 쌀이 많이 생산되는 곳이기도 하다.

마을 아래에는 '봉황정'이라는 정자가 있는데, 여기에는 오래전부터 용이 살고 있어서 마을을 보호하고 있다는 전설이 이어져 내려오고 있다. 마을 뒷편에는 용마산이 있어 마을을 지키며, 들에는 봉황이 한가로이 노는 형상을 한다고 일컬어지는 마을이다.

원래는 마을 앞 들판을 가로지르는 경강국도('경기도와 강원도를 잇는 도로'라는 뜻)가 있었는데, 봉황정과 봉상리를 잇는 도로를 일제 강점기에 봉황의 목을 자르듯이 산 밑으로 길을 내고, 마을 앞쪽으로 붙여 길을 내는 등 풍수지리적인 지형을 변경시켜 땅의 정기와 정신문화를 훼손했다고 전해진다. 현재에도 신설된 마을 앞 6번 국도가 마을보다 높이 있어 마을 앞이 막혀 답답하고, 마을에서 들고 나가기에 불편하다. 마을에서 6번 국도 위쪽으로는 마을회관이 위치한다.

마을 초입에는 병자호란 때 이 마을에 진을 쳐서 '터골', 또는 '진대'라고 부르는 골안길을 따라 수리봉 쪽으로 바라보면 미륵사와 각원사가 위치하고 있다.

대낭골과 다리네골

대낭골은 과거에 큰 이리가 살았다고 하여 붙여진 이름이다. 대낭골은 수미들을 중심으로 북서쪽에 위치하고 있으며, 현재 약 40여 가구가 살고 있다. 작은 달래내실에는 최근 들어 새로운 주택지가 조성되어 마

수미들 전경

을이 새롭게 형성되었고, 현재는 천주교 '희망의 집'이 있는 골짜기를 말
한다.

다리네골은 원래 '달래내'라는 골짜기 이름이 '다리네'로 바뀌어 현재
에 이르고 있다.

곱단이

현재 수미마을 체험들이 자리하는 그 일대를 '곱단이'라고 부른다. 곱

단이는 '꽃다니'라는 말에서 유래되었다. 과거에 이곳 한가운데에는 소나무 숲이 있었는데, 옛날 어느 스님이 이곳에 꽃단지가 있다고 말하였다고 한다. 그 후로 많은 사람들이 꽃단지를 찾아 이곳을 돌아다녔는데, 그때부터 이 지역을 '꽃다니'라 하였고, '꽃다니'가 바뀌어 '곱단이'가 되었다고 전해진다.

대낭골과 다리네길

또 다른 전해 오는 이야기로는, 이곳 산에 진달래가 피는 봄이면 온 산이 아름답게 물이 들어서 '곱단이'가 되었는데 일본 사람들이 '곱' 자를 표현하지 못해 곱단이가 '꽃다니'로 변하였다고도 전해진다.

곱단이길

도토리골

　수미마을 남쪽 산기슭에 위치한 도토리골은 옛날부터 도토리나무가
많았다고 한다. 1960년대 말, 빈민 구제를 위한 벼농사를 위해 이곳에
저수지를 만들었는데, 장마에 산사태가 나서 유실되었다고 한다. 최근
에 이곳에 사방댐 공사를 해서 다시 저수지를 형성하였고, 겨울에는 저
수지가 얼어 빙어잡이 체험을 하는 주 체험장으로 활용되고 있다.

도토리골

수미마을의 당시 모습

논농사 중심의 전형적 농촌 마을

수미마을이 속해 있는 단월면은 양평군에서도 고산준령의 강원도와 접해 있는 대표적 산림 지역으로 꼽히고 있다. 산간 지역은 지형적 특성상 논이 귀한 것이 일반적 모습이다. 그러나 수미마을은 남한강의 지류인 흑천을 끼고 자리하는 관계로, 다른 지역과는 달리 비교적 논이 많이 분포되어 있는 특징을 띠고 있다. 마을 이름을, 쌀을 많이 거둔다는 뜻의 '수미(收米)'라고 지은 것도 그런 연유다. 수미마을의 농경지 면적은 모두 195,100m²ha인데, 이 중 논이 전체의 74.3%인 145,000m²로 나타나고 있다.[1]

마을 공동으로 농촌체험사업을 시작하는 2007년 당시 수미마을의 경제 상황은 일반 농촌 마을과 별반 다를 바 없었다. 대부분의 주민들이 쌀농사를 지으면서 감자, 고구마 등 식량 작물을 자급용으로 곁들여 경작하는 전형적인 우리 농촌의 농업 활동 모습을 그대로 보이고 있었다.

---

1) 농림수산식품부 농어촌정책과, 〈대한민국 농촌 마을 대상 추진 계획〉, 2012. 7

수미마을의 농경지 전경

　쌀농사 중심의 단순한 농업 패턴은 우리 농촌의 저소득 문제를 가져온 근본적인 원인으로 지목되고 있다. 수미마을 역시 수도작 중심의 전통 농업에서 벗어나지 못한 상황에서 저소득 문제로 어려움을 겪기는 마찬가지였다.

　일부 몇몇 농가에서는 쌀농사 이외의 영농 활동에 종사하기도 하였다. 2개 농가가 젖소를 사육하는가 하면, 일부는 비닐하우스 농사를 짓기도 하였다. 또 마을 뒷산에 밤나무를 식재하여 밤을 수확하는 농가도 있었다. 젖소 사육은 오염 문제로 주민들과 갈등이 첨예화되면서 1개 농가는 뒷날 축사를 폐쇄하였고, 1개 축산 농가는 남아서 지금도 운영되고 있다.

　2007년은 전문적 농업 경영 활동이 모든 곳에서 보편적으로 이미 이루어지고 있던 시기였다. 이러한 바람을 타고 수미마을에도 외지에서 전문 경영인이 들어와 주민들로부터 농지를 빌려서 미나리 농사, 쌈채

소 하우스 농업, 화훼 하우스 농업 등과 같은 농업 활동을 전문적으로 영위하기도 하였다. 그리고 우렁이 농법이 전국적으로 유행되는 추세에 편승하여 우렁이를 기르는 전문 경영인도 있었다. 그렇지만 이러한 전문 농업 경영 활동들이 수도작 중심의 전통적 농업 패턴에 젖어 있는 수미마을을 변화시키기에는 역부족이었다. 주민 입장에서는 고소득을 지향하는 전문적 농업 경영과는 무관하게, 단지 갖고 있던 농지를 전문 경영인들에게 빌려 주고 받는 약간의 임대료 수입을 올리는 데 그쳤다.

한편, 수미마을은 수도권이라고 하지만 끝자락에 자리하고 있으며 산간 지역적 특성을 띠고 있는 관계로, 농외 활동 기회를 애초부터 크게 기대하기 어려웠다. 마을 주민 몇 사람 정도가 부정기적으로 농업 외 활동에 종사하는 것이 고작이었다. 주민들 중에 외지에 나가 목수 일을 하는 사람이 있는가 하면, 마을 앞 주유소에서 파트타임으로 주유 보조원을 하는 사람도 있었다. 그리고 당시는 전국적으로 부동산 붐이 거세게 불었던 시기였다. 특히 전원주택에 대한 도시민들의 수요가 급증하면서 수미마을의 땅과 산에 서울 등 외지인의 관심도 높아져 갔다. 이러한 분위기에 편승하여 그때 몇 사람은 외부의 부동산업자와 연계하여 마을의 논, 밭과 임야 거래에 관여하기도 하였다.

당시 수미마을 주민 소득을 알려 주는 통계 자료는 없는 실정이다. 그래서 마을 공동 소득 사업이 도입되던 2007년 당시의 수미마을 소득 수준을 직접적으로 볼 수는 없다. 다만 여러 정황으로 미루어 볼 때, 당시 일반 농촌 지역에서 겪는 저소득의 어려움을 그대로 겪고 있는 것으로 짐작된다. 우리 농촌에서 일반적으로 나타나는 저소득 조건을 그대로 같이하고 있기 때문이다. 좁은 면적에서 경영하는 수도작 중심의 전통적 소농 구조에서는 근원적으로 고소득을 기대할 수 없었다는 것이다.

마을 공동 사업의 여명

당시에 마을 뒷산을 소유하고 있었던 한 외지인이 마을의 젊은이들과 함께 마을 산을 활용한 소득 사업을 시도했던 경우도 있었다. 이때 참여한 젊은이들이 당시에 새마을 지도자를 지낸 이헌기 씨, 이장을 지냈던 정현옥 씨, 그리고 마을 총무로 활동하던 김진술 씨 등이었다. 이헌기 씨는 흑염소 농장을 운영하려고 하였으며, 그 외에도 흑염소 사육장 조성을 위해 벤 벌목을 활용하여 표고버섯을 재배한다든가, 또 더덕 재배를 곁들여 시도하기도 하였다. 외지인이다 보니 현지 실정에 어두울 수밖에 없었다. 마을 젊은이들을 끌어들여 공동으로 사업을 추진하게 된 배경에는 이러한 사정이 작용하였을 것으로 짐작한다.

마을 젊은이들이 공동으로 참여한 산지 활용 소득 사업 시도는 모두 실패하면서 마을의 소득원으로 자리 잡지 못하고 막을 내리게 된다. 농업의 궁극적 문제가 판로 확보를 못 해 생기듯이, 이 역시 생산에만 관심을 둔 나머지 마케팅 문제에 제대로 대처하지 못한 것이 주된 원인으로 지적되고 있다.

비록 실패하기는 했지만 마을 젊은이들이 여러 비농업 활동에 참여해 본 경험은 그 자체로 새로운 귀중한 학습 기회가 되었다. 훗날 마을 체험사업을 성공적으로 할 수 있었던 사업가적 안목과 역량이 축적되는 하나의 계기가 되기도 했다는 것이다.

당시 산지 활용 소득 사업을 주도했던 그 외지인은 마을에 정착하여 현재 '도토리펜션'을 짓고 운영하고 있는 이재만 씨다. 그는 이때부터 공동 사업 운영의 어려움을 깊이 인식하고, 효율적인 관리 체계를 구축하기 위해 심혈을 기울였다. 특히, 사업 참여자의 인건비 책정 및 사업 소득 분배 등 문제가 중요함을 강조하고, 그 합리적 기준을 꼼꼼하게 설정하려는 시도를 꾸준히 하였다. 이러한 노력은 후에 마을체험사업을 본격적으로 추진하던 때에 마을 주민들을 대상으로 이루어지는 광범위한 분배 문제를 원만히 해결하는 토대가 되었다. 또한 그는 도토리펜션을 운영하는 과정에 마을 주민들을 대상으로 소소하지만 일자리를 만드는 등 마을 발전에도 기여하였으며, 나아가 마을사업에 대한 안목을 넓히는 하나의 계기를 제공하기도 했다.

특이한 것은 오래전부터 농촌 경관을 활용한 음식·숙박 서비스업이 이 마을에서 간헐적으로나마 이루어지고 있었다는 사실이다. 흑천을 마주 보고 2가구가 외지 휴양객을 상대로 방갈로를 설치하고, 닭백숙·보신탕 등을 파는 영업을 여름 한철 비정기적으로 하고 있었다. 이헌기 씨가 조부로부터 물려받은 밤나무 숲을 활용해 이 사업을 하고 있었으며, 김진술·최동분 부부가 흑천을 사이에 두고 건너편에서 '우리민박'이라는 상호를 걸고 영업을 하고 있었다.

이헌기 씨 조부는 일찍이 하천 옆에 붙은 소유 토지에 밤나무 숲을 조성하고, 하천에 연접해 있는 하천 부지 점용 허가를 받아 그 일대를 유원지로 조성하였다. 그 시기에는 양평군에서 개최되는 각종 체육대회, 새마을 관련 행사 등이 하천 부지에 조성된 넓은 공터에서 치러지곤 했었다. 비록 공식적으로 지정된 유원지는 아닐지라도 일종의 유원지적

남한강의 지류인 흑천 전경

흑천 변 밤나무 숲 유원지 전경

성격을 갖는 시설을 오래전에 조성하고 운영했던, 색다른 경험을 했었다는 사실이 눈에 띈다.

대정부 사업 반대 투쟁 활동

마을 주민들이 규합하여 공동으로 활동했던 경험은 공교롭게도 정부에서 추진하는 정책 사업에 반대하는 마을 의견을 공동으로 표출하면서 수차례 하게 된다.

먼저, 2004년에 정부는 마을 앞을 지나던 6번 국도를 왕복 2차선에서 4차선으로 확·포장하는 사업을 하게 된다. 도로 폭이 확장되면서 마을 소유의 농지가 많이 잠식되게 되자 마을 주민들이 크게 반발하기에 이른다. 이러한 상황에서 주민들이 규합하여 수미마을의 의견을 제시하고, 그 의견을 관철하기 위한 투쟁 활동을 공동으로 벌이게 되었다.

처음에는 마을 농지 잠식을 최소화하도록 계획 노선을 그 뒤편에 있는 산을 터널로 통과하는 변경안을 국토관리청에 제시하였다. 그러나 국토관리청에서 예산 문제로 수용하기 어렵다고 난색을 표했다. 그러고는 이면에서 개인별로 주민들을 접촉해 매수 대상 농지 60% 정도를 협의 매수하게 된다. 이런 상황으로 치달으면서 마을 공동의 투쟁력은 급속도로 떨어지게 되고, 급기야 당초 국토관리청에서 제시한 현재 노선을 받아들일 수밖에 없게 된다.

한편, 도로가 4차선으로 직선화되면서 도로 바닥면이 높아져 마을을 취락과 농경지로 두 동강 내게 된다. 마을 광간이 이렇게 단절되자 도로 양편을 서로 연결하는 통로 개설 문제가 대두되면서 여러 의견들이 개진되기에 이른다. 결국 도로 밑 암거 통로를 마을 여러 곳에서 접근하기 좋게 여러 개를 개설할 것인가, 아니면 하나를 개설하되 모든 차량의 통행 편의를 위해 통로를 큰 규모로 개설할 것인가 하는 문제다. 마을 연결 통로 설치 문제도 마을 공동 투쟁위에서 제시한 방안과는 달리 각 마을에서 접근하기 쉬운 여러 개를 소규모 설치하는 것으로 결론이 났다. 주민 다수가 자기 입장에서 우선 접근하기 용이한 방안을 선호했기 때문이다.

마을 공동 투쟁위원회를 결성하고 마을 주민들의 의견을 관철하기 위해 나름대로 투쟁력을 조직화하고 실력을 행사하곤 했지만, 소기의 성과를 거두기에는 역부족이었음을 인정하지 않을 수 없다. 무엇보다 마을 전체 주민의 총의를 결집하고, 행동을 하나로 통일해 가는 데 소홀했음이 지적되고 있다. 무릇 주어진 목적을 향해 힘을 모아 끊임없이 나아가는 운동을 전개하기 위해서는 나름 조직화하고 실천하는 기술들에 대한 이해와 경험이 선행되어야 할 것임을 말해 주고 있다.

또 2005년에는 단월면의 하수 종말 처리장을 건설하는 과정에 그 입지를 수미마을에 선정하면서 다시 반대 투쟁에 돌입하게 된다. 마을 앞을 흐르는 흑천 수질 보전을 위한다는 사업 취지는 수긍하지만, 그 부담을 전적으로 수미마을이 진다는 것은 동의하기 어렵다는 것이 반대 투쟁의 명분이다. 더군다나 청운면 하수까지 처리하는 하수 종말 처리장을 수미마을에 설치하는 데 대한 강한 반대 의견이 자연스럽게 형성되었다.

혐오 시설 입지에 대한 지역 주민 전체의 거부 의사를 조직화하여 실력 행사를 체계적으로 잘 해 나갈 수 있는 시스템을 구축하느냐 하는 것이 공동 투쟁의 성패를 가름하는 관건이다. 마침 6번 국도 확·포장 사업에 대한 반대 투쟁을 이미 하고 있었던 터라 이번 하수 종말 처리장 설치 반대 투쟁은 수월하게 바로 실천에 돌입할 수 있었다. 6번 도로 반대 투쟁 시스템이 그대로 연계되어 활동할 수 있었기 때문이다.

이러한 반대 분위기를 배경으로 마을 공동 반대 투쟁위원회에서는 몇 가지 요구안을 제시하게 된다. 팔당 상수원을 이용 대가로 서울·경기 지역 주민들이 지불하는 물 부담금 중 단월면과 청운면에 배분되는 금액의 40%를 떼어 내 수미마을을 위해 사용하도록 하라는 것이 그 주요한 요구 내용이다.

하수 종말 처리장 유치 반대 투쟁을 하면서 당사자인 양평군과의 협의도 한편으로 지속적으로 해 가게 된다. 그 과정에서 양평군에서는 수미마을에 체육공원을 조성해 주겠다는 약속을 하면서 무마를 시도하곤 했다.

하수 종말 처리장 유치 반대 투쟁 역시 6번 도로 확·포장 반대 투쟁과

하수 종말 처리장 전경

같이 별 소득 없이 끝나 버리게 된다. 당초 투쟁 목표로 내걸었던 청운면과 단월면 배분 물 부담금의 40% 지원은 고사하고, 체육공원 조성 약속마저 예산 타령을 하면서 건물 옥상에 몇 개 체육 시설을 설치해 주는 것으로 갈음하고 흐지부지하게 된다. 다만, 뒤에 양평군에서 특별히 수미마을 소득 사업 지원을 위해 2억 원을 마련하여 지원하게 된다. 이 소득 사업 지원이 이러한 하수 종말 처리장 반대 투쟁 연장선에서 이루어진 포괄적 지원사업의 일환으로 이해된다.

이러한 과정을 거치면서 결과적으로 또 하나의 마을 공동 활동에 대한 학습 기회를 갖게 되었다. 마을 주민들의 의견을 수렴하고, 공동으로 투쟁하기 위한 행동 계획과 조직을 구성하는 등 제반 문제를 공동으로 만들고 실천하는 귀중한 경험을 하게 되었다는 것이다.

한편, 이때 마을 안에 축사를 건립하는 문제를 둘러싸고 마을 내부의 갈등이 크게 고조되는 경험을 하게 된다. 당시 양평군으로부터 농업 진흥 지역인 마을 안 논 500평에 축사 건립 허가가 나자, 축산 폐수 오염원을 우려하는 주민들의 반대와 축사 건립 농가 사이에 찬반을 둘러싸고 격렬한 갈등이 유발된다. 축사 주변 토지 소유자는 이미 활동하고 있던 하수 종말 처리 반대 투쟁위원회를 중심으로 축사 건립을 저지하는 활동을 적극적으로 펼쳐 나가게 된다. 마을 다수 주민의 축사 건립 반대 동의를 받아 허가 관청인 양평군을 상대로 탄원서를 제출하는 등 축사 건립 허가의 부당성을 강력하게 성토하였다. 반면에, 축사 건립을 추진하는 주민은 또 나름대로 정상적 권리 행사의 일환이라고 주장하면서 축사 건립을 지원하는 주민 동의를 받아 양평군에 제출하게 된다. 결과적으로 축사 건립을 지원하는 동의서에 서명한 주민 수가 4명 더 많은 것으로 나와 결국 축사 건립 반대 투쟁은 무산되게 된다.

　문제는 이 찬반 상황을 둘러싸고 수미마을 주민이 반반으로 갈려 심각한 갈등을 겪는다는 것이다. 지금까지 마을 바깥을 대상으로 투쟁하던 경우와는 달리 마을 주민 간에 벌어진 갈등의 골은 세월이 흘러도 쉽사리 메워지지 않고 있다. 양측의 이해가 첨예하게 충돌하는 관계로 서로의 지지 기반을 마을 내에서 확대하려고 온 힘을 쏟아붓게 되고, 이 과정에서 시간이 흐르면서 주민들의 이합집산이 일어나 갈등의 앙금은 심화된다. 서로 양보하기 어려운 입장에서 나타나는 부정적 인간관계의 한 전형이 그대로 선보이고 있다.

수미마을의 시작

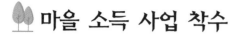

마을 소득 사업 착수

마을 공동 사업 도입 배경

수미마을 공동 체험사업을 착수하던 2007년 당시를 돌아보면 농촌의 저개발·저소득 문제에 대한 사회적 논의가 활발히 전개되고 있었으며, 이러한 노력에 힘입어 정부에서는 농촌 개발을 위한 다양한 정책적 노력을 기울이던 시기였다.

2004년에는 농림부에서 확대된 마을 권역을 대상으로 주민 주도로 수립한 자기 마을 발전 계획을 평가하여 권역당 70억 원에 이르는 파격적인 사업 자금을 국가에서 지원하는 '농촌마을종합개발사업'을 야심차게 추진하고 있었다. 양평군에서도 연수리 보리고개마을, 양수리 과수마을, 신원리 외가체험마을 등이 마을종합개발사업 대상 마을로 이미 지정되어 활발하게 운영되고 있었다. 이들 마을에 70억 원에 가까운 자금을 국가에서 지원하였으며, 그 외 양평군에서도 일부 투자와 함께 필요한 지원을 아끼지 않고 있었다. 이러한 외부 지원에 의해 '농촌마을종합개발사업' 대상 각 마을에서는 공동으로 마을사업을 활발히 이어 가고 있었다.

또한 농협 주관으로 마을당 2억 원을 지원하여 마을에서 공동으로 소득 사업을 추진하게 하는 '녹색농촌체험마을사업'을 추진하고 있었다. 주 5일 근무로 도시민들의 늘어난 여가 수요를 농촌 주민들의 소득 기회로 삼으려는 의도에서 도입되었으며, 주로 음식 서비스를 제공한다든가, 체험 활동을 하게 한다든가 하는 형태로 이루어졌다.

마을 주민 공동으로 스스로 주체가 되어 자기 마을을 개발하는 방식이 농촌 정책의 골격을 이루면서 빠르게 확산되고 있음을 보여 준다. 광범위하게 전개되는 이러한 마을 중심의 농촌 정책 흐름 속에서 수미마을 역시 마을 공동 사업에 대한 인식을 새롭게 하는 계기가 되었음을 짐작케 한다. 정부 지원을 크게 받으면서 마을개발사업을 공동으로 활발하게 추진하던 인근의 마을을 보면서 자연스럽게 마을 공동 사업에 대한 관심을 촉발하는 계기가 되었을 것으로 보인다.

마을 공동 사업 도입 계기

6번 국도 확·포장 사업과 단월면 하수 종말 처리장 건설을 둘러싸고 양평군과 첨예한 갈등이 지속적으로 이어져 왔고, 여기에 더하여 수미마을 내 축사 건립에 대한 찬반 투쟁이 양평군의 허가 문제로 귀결되면서 양평군과의 사이에 긴장감이 고조되어 왔다. 연이은 반대 투쟁에 장기간 동원되면서 주민들 사이에 피로감이 누적되고, 축사 문제로 마을 주민들 사이의 내분이 격화되면서 수미마을의 분위기 또한 크게 어수선

해졌다. 양평군 역시 이러한 갈등의 한 당사자이며, 또 한편으로는 갈등의 조정자이기도 해서 혼란스럽고 어려운 상황이기는 마찬가지였다.

양평군은 6번 국도 건설 및 하수 종말 처리장 건설 등 반대 투쟁 활동으로 고조된 불신을 불식하고, 축사 내분으로 갈라진 마을 분위기를 일신하기 위한 나름의 대책이 필요했다. 그래서 군에서는 반대 데모 그만하고, 마을 주민 간 싸움도 그만두고, 그 힘을 미래 지향적으로 마을 발전을 위해 결집하고 이용되도록 하자는 취지의 중재를 적극적으로 하게 된다. 그 일환으로 2006년도 당시 한택수 군수는 양평군 '녹색농촌체험마을사업'이라는 이름으로 2억 원을 마련하여 지원하게 된다. 이것이 오늘의 수미마을을 만들어 가는 서막이자 교두보가 되었다.

그 시기를 돌아보면 농촌 주민 소득 향상 문제가 농정의 한 축으로 부각되면서 농림부 중심으로 녹색농촌마을 조성사업이 전국적으로 빠르게 확산되던 때였다. 주 5일 근무로 늘어나는 도시민의 여가 수요를 농어촌의 소득 기회로 활용하자는 것이 녹색농촌마을 조성사업의 기본 취지다. 한동안 농촌관광 활성화가 농촌 발전을 위한 하나의 실질적인 대안으로 떠오르면서 사회적으로 큰 반향을 일으키게 되고, 그 연장선에서 정책적으로 강력히 추진되기에 이른다. 양평군에서 제시한 녹색농촌체험마을사업도 이러한 중앙정부의 녹색농촌마을 조성사업 추진과 궤를 같이하고 있다.

보다 직접적으로는 부녀회장을 맡고 있었던 최동분 씨의 숨은 역할에 힘입은 바가 크다. 그때 최동분 씨는 마을 앞 흑천을 사이에 두고 밤나무 숲 유원지 맞은편에서 마을 총무를 맡고 있었던 남편 김진술 씨와 함께 유원지 관련 사업을 하고 있었다. 이곳은 맑은 개울 흑천과 밤나무 숲이 마을 앞산을 배경으로 멋진 경관을 연출하면서 양평군의 명소로 알려지게 되었다. 덕분에 위락객들이 심심찮게 찾아오면서 이들을 대상으로 음식과 음료, 민박 등을 제공하는 유원지 사업이 나름대로 활기를 띠기도 했다.

최동분 씨는 개인적으로 유원지 사업을 해 가면서 이것이 수미마을의 소득원으로 자리 잡았으면 좋겠다는 생각을 자연스레 하게 되었다. 마침 그때 도시에서 수미마을로 귀농해 와서 열심히 살고 있는 최동분씨 내외를 관심 있게 지켜보는 단월면이 선출한 군의원이 있었다. 최동분 씨는 유원지 사업 경험을 바탕으로 당시 군의원이었던 박용규 의원에게 유원지 사업 구상에 대해 막연하게나마 열성적으로 피력하게 되었고, 서로 의견도 교환하면서 공감하게 되었다.

최동분 전 총무 프로필

최동분 전 녹색농촌체험마을사업추진위원회 총무는 원래 서울에서 살던 도시민이었다. 1990년도 중반에 전원생활을 꿈꾸면서 남편 김진술 씨와 함께 수미마을로 귀농하였다.

30대 후반의 한창 젊은 시절에 연고도 없는 수미마을로 들어온 부부는 막연하게 사슴을 키우면 되겠다는 생각을 했는데, 막상 구체적으로 시장 조사를 해 보니 이미 포화 상태라 전망이 밝지 못했다. 그래서 상추도 심어 보고, 배추도 심어 보고, 버섯 재배도 해 보는 등 여러 가지 농사를 시도했지만 경험이 없는 초보 농사꾼이 잘 될 리 만무였다. 그러다가 흑천 변에 새로 집을 지어 유원지 사업을 하게 되면서 열심히 한 덕분에 나름대로 안정을 찾고 정착하게 된다.

그러던 어느날 박용규 의원이 한택수 군수에게 바로 전화를 걸어 수미마을의 체험 관광사업 추진 필요성을 설명하면서 한번 방문해서 직접 듣고, 보고 판단해 줄 것을 요청하게 된다. 그 자세한 내막은 알 수 없지만 어쨌든 한택수 군수가 이어서 수미마을을 방문하게 되고, 최동분 씨를 만나 수미마을의 체험휴양마을사업 필요성에 대한 설명을 들으면서 지원 결심에 대한 언질을 하기도 하였다. 수미마을이 양평군의 농촌체험휴양마을로 지정되는 일련의 과정 속에 최동분 씨의 역할이 직간접적인 배경에서 조명되고 있다.

수미마을 체험사업 전개

체험사업의 시작

수미마을이 녹색농촌체험마을사업 자금을 지원받아 본격적으로 마을 공동 체험사업을 추진하게 된다. 본 녹색농촌체험마을사업 추진위원장은 마을 앞을 흐르는 흑천 하천 부지에 유원지를 조성하여 운영하던 이헌기 씨가 맡았다. 외지인 대상으로 체험사업을 해 본 경험과 6번 도로 확·포장 사업 및 단월면 하수 종말 처리장 건설 반대 투쟁을 앞장서 이끌었던 리더십이 마을 주민들에게 받아들여졌기 때문으로 여긴다.

2006년에 양평군으로부터 지원받은 녹색농촌체험마을 사업비로 먼저 '한옥 체험관'을 건립하게 된다. 식사도 할 수 있고, 각종 체험 활동을 할 수 있으며, 회의도 할 수 있는 다목적 활동 공간으로 활용하려는 의도로 짓게 되었다. 한옥 체험관 건립 비용으로 1억 7천만 원이 소요되었고, 그리고 선진지 견학을 비롯한 컨설팅 비용으로 3천만 원을 쓰고 나니 양평군 지원금 2억 원 모두가 바로 소진되었다.

한옥 체험관은 지어져만 있지 제 역할을 수행하지 못하고 방치되고 있었다. 체험관을 운영할 수 있는 인력, 조직 등 제반 조건들이 갖추어지지 않은 채 건물만 덩그러니 주어졌을 뿐이었다. 마을 자체가 운영에 관련된 여러 가지 조건을 스스로 갖추어야만 했다. 그러나 당시만 하더라도 그런 공동 사업을 해 본 경험이 없었던 터라 쉬운 일이 아니었다.

본격적인 마을 공동 체험사업 시작은 이헌기 위원장이 운영하던 유

이헌기 위원장 프로필

이헌기 녹색농촌체험마을사업 추진위원회 위원장은 4대째 수미마을에서 살아오던 전주 이(李)씨 가문에서 1959년도에 출생하였으며, 여기서 초·중·고등학교를 다니며 성장하고 쭉 살아온 수미마을 토박이이다. 젊었을 적에는 마을을 위해 여러 직책을 두루 거치면서 오랫동안 활동하기도 했다. 마을 청년회장을 6년간, 새마을 지도자를 8년간 역임하였다. 또한 당시에 민주당 당원, 민주산악회 회원으로서 정치 활동을 잠시 하기도 했다.

2000년도에 결혼했으며, 얼마 안 있어 건설 회사에 취직하여 2년 6개월가량 외지에 잠시 나가 있기도 했다. 2004년쯤 IMF 사태로 회사가 어려워지게 되자 직장 생활 또한 힘들어지고 있었다. 마침 그때 6번 도로 문제가 터지면서 당시 이장으로부터 마을 공동 투쟁 활동을 끌어 달라는 부탁이 있어 처음이자 마지막의 짧은 객지 생활을 접고 고향 수미마을로 돌아오게 된다.

그는 1979년도에 건국대 농민대학에 입소해서 한국의 대표적 농촌운동가이자 교육자인 유달영 박사의 강의를 듣고 농촌 문제에 대한 인식을 새롭게 하는 계기를 맞았다고 한다. 유달영 박사의 강의 중 특히 "농촌은 어머니의 품이고, 민족의 뿌리이며, 생명의 근원이다."라는 대목에서 크게 감명을 받았다고 회고하고 있다.

원지 사업을 마을 공동 체험사업장으로 넘겨 주었기에 가능했다. 당시 수미마을의 체험마을사업은 이헌기 위원장이 미리 선점하고 있었던 흑천 하천 부지 일대의 밤나무 숲 유원지를 빼고는 생각하기 어려웠던 실정이었다.

이곳 밤나무 숲 유원지를 중심으로 체험마을사업이 시작되기까지에는 우여곡절도 있었다. 마을 공동 체험사업을 시작하면서 이헌기 추진위원장과 이장 사이에 사업 추진 방식을 둘러싸고 이견이 생기면서 두 세력 간에 갈등이 생겨 사업 추진에 차질을 빚기도 했다. 마을 공동 사

밤나무 숲 유원지

유원지는 이헌기 씨 조부가 흑천 변에 밤나무를 식재하여 밤나무 숲이 조성되면서 물가 수려한 경관을 찾아 도시 휴양객 및 야영객들이 오게 된다. 주로 여름철 한철 이들을 대상으로 간이 편의점을 운영하고, 토종닭 백숙 및 닭도리탕 등을 파는 유원지 사업을 1980년대에 걸쳐 12~13년 정도 해 왔다.

방학 때는 몇몇 교회에서 수련회를 갖기도 하고, 새마을협의회 행사를 비롯한 양평군 행사 장소로 이용되기도 했다.

외지 사람들이 유원지를 이용하게 됨으로써 쓰레기 발생 문제가 대두된다. 그래서 쓰레기 처리 비용 조달 목적으로 양평군에 요청하여 1982년에 입장료 징수 근거가 되는 '자연 발생 유원지' 지정을 받게 된다. 4년 후에는 다시 '비지정 관광 유원지'로 승격, 지정된다.

유원지 운영 수입은 별것이 아니었다. 여름철 한철 장사였고, 또 마을 부녀회에서 입장료를 거두기는 했지만 그저 소일거리 정도에 불과한 수준이었다.

한옥 체험관 전경

업 추진 과정에서 이헌기 위원장을 배제하려는 의도로 그가 희사하기로
했던 기존의 흑천 유원지를 대체할 수 있는 부지 확보를 시도한 사람들
도 있었다. 그러나 마을 옆 흑천을 활용할 수 있는 다른 부지 물색이 현
실적으로 용이하지 않았다.

　또 다른 문제는 이헌기 추진위원장 소유의 유원지를 마을 청년들이
해 보겠다고 해서 맡겨 두었는데, 얼마 안 있어 외지인에게 임대하고 있
었다. 어쨌든 유원지를 중심으로 이미 소득 사업을 하고 있는 와중에 마
을 공동 체험사업이 동시에 이루어지고 있는 어색한 모습이 연출되었
다. 마을 공동 체험사업은 제대로 운영할 수 없는 실정이었다. 그래서
이헌기 씨는 재임대 받아 유원지 사업을 하고 있던 그 외지인에게 임대
보증금 500만 원을 대신 돌려주고 사용권을 회수한 뒤에 마을 공동 체

초기 수미마을 체험 활동 프로그램 운영 현장

험사업 용도로 제공하였다.

본 체험사업의 출발인 한옥 체험관 건립부터 그 추진이 순탄치 않았다. 건립 부지를 마을 노인들이 즐기는 게이트볼장 용지에 마련하자, 마을 노인회에서 크게 반발하였다. 여기에 동족 마을의 보수성까지 더해져 새롭게 시도하는 체험마을사업을 계속 색안경 끼고 바라보면서 탐탁치 않게 여기는 분위기가 만연하게 된다.

처음에는 7명이 참여하여 체험사업을 시작하였다. 척박한 환경에서 추진위원회 참여자 모두의 헌신적인 노력이 없었다면 불가능한 일이었다. 특히, 처음 시도하는 사업을 끌고 가는 데 있어서 위원장과 함께 세심한 부분까지 놓치지 않고 맡은바 역할을 다해 준 추진위원들을 빼고는 실명하기가 어려운 것이 사실이다. 삼여사 모두의 소통을 위해 의견

수렴하고, 이견을 조율하고, 앞장서서 이끌어 가는 등 리더십을 유감없이 발휘하기도 하였다.

체험사업은 한옥 체험관을 숙박 시설로 활용하고, 유원지를 중심으로 여러 체험 프로그램을 운영하는 형태로 이루어졌다. 먼저 한옥 체험관 운영에 필요한 테이블, 식기 등 집기 구입을 위해 우선 사업 참여자 7명이 1인당 50만 원씩 출자하였다.

2007년부터 체험마을사업을 실제 운영하게 되는데, 이때부터 마을 주민들의 체험사업에 대한 인식이 서서히 변화하게 된다. 체험객 유치는 주로 초등학생 중심으로 이루어졌다. 외지에서 수미마을로 체험객들이 몰려오고, 마을에서 생산한 각종 농산물들에 대한 직거래도 같이 이루어지면서 주민들의 호응도가 높아져 갔다. 2008년도에는 체험 활동을 염두에 두고 농작물 생산 계획을 짜는 농가들이 나타나는가 하면, 2009년도 들어서는 본 체험마을사업 회원으로 참여하는 농가들이 크게 확대되는 계기를 맞았다.

마을 공동 사업 추진 체제 구축

조직화

2007년 1월 1일 수미마을 전체 155가구의 297명 가구원을 회원으로 하는 마을협의회를 구성하였다. 마을협의회는 마을 활력 창출을 위해 마을 주민들 공동으로 조직을 구성하고, 자체 규약을 제정하여 구체적인 활동을 수행하는 마을 공동체 조직으로 설립하였다. 본 녹색농촌체험마을사업은 마을협의회가 주관이 되어 추진하기로 함으로써 마을 전체 가구가 모두 참여하는 마을 공동 체험사업 성격을 띤다.

수미마을 공동으로 체험사업을 추진하기 위해서는 먼저 마을 주민들의 총의를 수렴하고, 주민을 대표하여 사업을 계획·실행할 조직화에 착수해야 한다. 초기 체험마을사업 수행을 위한 조직화는 비교적 단순한 형태로 출범했다. 조직화의 핵심은 추진위원회 결성이다. 추진위원회는 마을 주민의 총의를 모아 위원장에 이헌기 씨를 위촉하고, 1차로 본 체험사업에 직접 참여하는 주민 13명을 위원으로 위촉하여 구성하였다. 추진위원회 하부 조직으로는 운영위원회를 두어 실제 체험사업 운영을 맡게 했다. 체험사업 추진 과정에 발생하는 제반 운영상 문제에 신속히 대처하도록 하기 위함이다. 추진위원장을 위시한 추진위원회와 운영위원회가 효과적으로 작동하도록 유기적으로 연결하고, 전면에 나

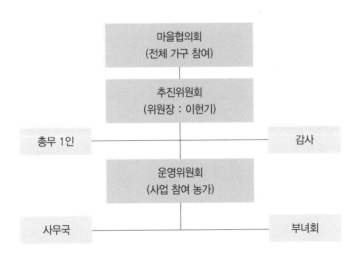

수미마을 초기 녹색농촌체험마을사업 조직도

서 제반 분야 활동을 총괄하는 역할을 하는 총무 1인을 두었다.

정관 작성

마을 공동으로 체험사업이 지속적으로 영위되기 위해서는 조직과 활동에 관한 원칙과 기준 등 근본 규범이 먼저 정립되고 공유되어야 한다. 이러한 근본 규범을 분명히 해 두기 위해 문서화하여 '정관'이란 이름으로 작성하였다.

정관 명칭은 '녹색 농촌 수미마을 자치 규약'이라고 정하고, 총 6장 27조와 부칙으로 구성하였다. 그 주요 구성 내용을 보면 회원 자격과 회원의 권리·의무, 총회 및 임원 구성, 마을체험사업 운영 및 수익금 배분, 관리 및 회계·재무 등에 관한 주요한 기준과 원칙 등을 규정하고 있다.[2]

마을체험사업의 운영

마을의 체험사업은 수익사업에 초점을 맞춰 추진되었다. 수익사업 내용은 정관에서 크게 네 가지를 제시하고 있다. 친환경 농특산 생산 및 유통 판매 사업, 농촌 민박 사업, 농촌 체험사업, 마을 황토방 및 마을 휴양 센터 등을 활용한 마을 공동 관광사업 등이 그것이다.

수익사업은 농촌 체험사업 운영에 역점을 두고 추진되었다. 그 구체적인 체험 프로그램을 보면 주로 흑천에서 민물고기 잡는 체험과 뗏목 타기

---

2) 수미마을, 〈대한민국 농촌마을 대상〉, 수미마을 공적조서 세부 내역, 2013. 8

뗏목 타기 체험

체험 활동을 중심으로 운영하였다. 이와 함께 이들 체험객들을 대상으로 민물고기 매운탕을 판매하는 일을 주 수입원으로 삼고 힘을 기울였다. 그리고 마을 뒷산에서 자라는 나무를 활용하는 목각 제작 체험, 새끼 꼬기, 두부 만들기, 떡 메치기 등 민속놀이 프로그램 등도 시도하였다.

마을 공동 체험사업의 성패는 무엇보다 참여 주민들의 역할과 참여도에 따른 합리적이고 명확한 보상 체계의 확립에 달려 있다고 해도 과언이 아니다. 물론 처음에는 추진위원들이 무보수로 봉사하는 차원에서 체험사업을 준비하고 감당하였다. 예컨대, 야간에 목각 체험 준비를 위해 추진위원들 모두가 이재만 씨 소유 마을 뒷산으로 올라가서 나무를 잘라 마을로 가져와 체험 소품을 밤늦도록 다듬었다.

수미마을에서는 공동 체험사업을 시작하면서 이 문제의 중요성에 대한 인식을 분명히 하고, 운영위원회가 중심이 되어 명확한 기준 마련에 공을 들였다. 충분한 의견 수렴을 거쳐 불만을 최소화하고, 만족을 극대화하기 위한 노력을 경주하였다. 그 결과 체험 활동 운영 농가의 수익 배분에 관한 기준, 참여 농가의 인건비 지급 기준 등을 합리적 수준에서 나름대로 제시할 수 있었다.

한편, 본인의 사업장인 흑천 밤나무 숲 유원지를 본 마을 공동 체협사업의 주 사업장으로 활용할 수 있도록 넘겨 준 이헌기 위원장에 대해 그 대가를 적절한 수준에서 정하는 것이 또한 문제였다. 마을 공동 사업을 위해 본인이 내린 결단이지만 그가 감수한 경제적 손실을 그냥 방관할 수만은 없는 처지였다. 그래서 종국적으로 이헌기 씨가 본 체험사업을 주도적으로 이끌고, 또 참여하는 역할에 대해서는 실비를 지급하는 것으로 결론을 내렸다. 우선 추진위원장을 맡고 있기 때문에 위원장에게 상근 인건비를 지급하였다. 그는 또 체험 프로그램의 하나인 '트랙터 마차' 프로그램 운영을 전담하면서 운전을 직접 하는 관계로, 트랙터 마차 체험 이용객의 이용료 중 1인당 500원씩을 이헌기 씨에게 배분하는 것으로 정하였다. 후에는 트랙터 마차 운전 인건비를 기준에 따라 8만 원으로 책정하여 지급하였다.

수익금 운영과 배분에 대해서는 정관 20조에 명확히 그 기준을 제시하였다. 수익금 배분은 수익금 발생 당사자에게 귀속시키는 것을 원칙으로 삼았다. 다만 수익금의 일부를 떼어 본 사업 추진을 위해 조성한 기금으로 편입하도록 하였다. 수익금 중 기금 납부 비율은 사업 성격별로 구분하여 수확 체험의 경우에는 수익금의 20%, 숙박의 경우에는 10%를 갹출하는 것으로 정하였다. 기금 사용처 또한 엄밀하게 제한하여 규정하였다. 마을 공동 기금과는 회계를 구분하고, 본 사업을 위한 직판장·체험관·휴양 시설 등의 시설 관리, 인터넷 관리 및 홍보, 마케팅 소득 사업을 위한 재투자를 위해 사용하도록 한정하였다.

이렇게 조성된 본 사업 기금은 연말 결산을 하여 본 사업 추진 및 참여도 제고를 위한 용도로 배분하였다. 즉, 순이익금의 50%는 운영 경비로, 순이익금의 20%는 출자 배당으로, 또 20%는 인센티브 재원으로 배정하였다. 그리고 수익금 중 10%는 마을 공동 기금으로 배분하도록 하였다.

또, 본 사업 운영을 위한 직접적 역할을 제공하는 참여자에 대한 인건비 지급 기준도 명확히 하여 정관에서 제시하고 있다. 10시간 기준으로 남자는 8만 원, 여자는 6만 원을 지급하도록 하였다. 이 기준에 따라 5시간 참여할 경우에는 남자 4만 원·여자 3만 원을, 3시간 참여의 경우는 남녀 공히 3만 원으로 설정하였다. 또한 체험 활동에 참여하는 농가들과는 이러한 기준에 따라 추진위원회와 개별적으로 계약서를 작성하여 상호 권리 의무에 관한 사항을 명확히 하였다.

'(사)물맑은양평농촌나드리' 연계로 활력 제고

마을 공동 체험사업의 관건은 체험객들을 유치하는 문제다. 외지인들에게 마을의 체험 프로그램을 알리고, 방문하고 싶은 마음을 불러일으키며, 또 실제로 오기 수월하게 제반 접근 편의를 제공하는 등 전문적인 마케팅 시스템을 갖추어야 한다.

그러나 일반 농촌 마을 단위 공동체 차원에서 이러한 전문적 홍보 마케팅 체제를 구축하기는 쉽지 않다. 현실적으로 기대하기가 어려운 것이 사실이다. 2006년 양평군 지원으로 건립한 '한옥 체험관' 운영을 위해 외부에서 온 최성준 씨를 홍보 전문가로 영입한 것도 이런 맥락에서 취한 조치였다. 최성준 씨는 마을에 선친으로부터 물려받은 임야를 대상으로 그 활용 방안을 모색하기 위해 수미마을에 자주 오고 가던 차였다. 이런 인연이 매개가 되어 마침 출범한 본 체험사업추진위원회의 위원으로 참여하게 되었다.

수미마을에서 마을체험사업을 시작하던 2006년경에는 전국적으로 농촌마을체험사업이 획기적인 농가 소득 증대 방안인 양 기대를 모으면서 빠르게 확산되고 있던 시기였다. 양평군에서는 체험마을사업의 아킬레스건인 마을의 홍보, 마케팅 기능을 지원하기 위해 군이 주체가 되어 '(사)물맑은양평농촌나드리'라고 명명한 전문 기관을 설치하였다.

'양평농촌나드리'는 양평군 전역에서 이루어지고 있는 체험마을사업을 체계적으로 지원하기 위해 설립한 조직이다. 사업 마인드도 기대하기 어렵고, 사업 경험도 역량도 일천한 농촌 마을을 대상으로 효과적인 체험사업 운영 지원이 이루어지기 위해서는 무엇보다 전문성이 먼저 확보되어야 함은 물론이고, 나아가 변화무쌍한 시장 상황에 선제적으로 대응할 수 있도록 신축성과 융통성, 민첩성 등을 또한 갖추어야 한다. 이러한 역할을 행정기관인 양평군이 잘 수행할 것으로 기대하기 어려운 것이 사실이다. '양평농촌나드리' 설립 배경이 여기에 있다.

양평농촌나드리는 체험마을사업을 추진하는 과정에서 야기되는 마케팅 관련 제반 애로를 파악하고 지원하는 역할을 효과적으로 수행할 수 있도록 비영리단체 형태로 설립되었다. 행정기관으로서의 한계와 마을 요구 사이의 괴리를 잇는 가교 역할을 충실히 할 수 있도록 설계된 중간 지원 조직으로서의 성격을 띤다. 양평군의 의견과 의지를 담아 양평 지역의 매력을 홍보하고, 또 체험 희망 고객을 모집하여 일괄적으로 신청을 받는 인터넷 창구를 개설하여 운영하였으며, 체험마을사업의 원할한 추진을 위한 필요한 컨설팅도 제공하였다.

양평농촌나드리에서는 일괄적으로 신청받은 체험 희망자들의 요구를 감안하여 적합한 체험마을로 연계시키는 역할을 주로 담당하며, 초·중·고등학교 학생들을 타깃으로 유치 활동을 하였다. 특이한 것은, 양평군에서는 이동 교통편인 버스를 통상 교통비의 절반으로 지원하여 제공함으로써 체험객 유치에 크게 보탬이 되었다는 것이다. 체험객 유치 활동 증진 차원에서 직접 학교에 버스를 지원하여 학생들을 태우고 바로 체험마을로 이동하는 서비스를 교통비 지원과 함께 제공하였다.

체험사업을 직접 수행하는 마을 입장에서는 양평농촌나드리가 크게
도움되는 조직임에 틀림 없다. 무엇보다 개별 마을 차원에서 감당하기

(사)양평농촌나드리 ⇔ 수미마을

○ (사)양평농촌나드리의 역할
 - 양평농촌체험마을의 체계적인 관리 및 운영
 - 양평농촌체험마을과 도시방문자와의 연계통로(HUB역할)
 - 민·관의 유기적인 운영체계구축
 - 농촌관광 전문가와 연계한 새로운 농촌관광 프로그램도입 및 전파
 - 도농 교류활성화를 위한 홍보 및 공동마케팅 전개
 - 양평군 농촌체험마을 지도자 교육 및 양성
 - 농촌체험을 통한 지역경제 활성화

○ (사)양평농촌나드리와 수미마을과의 협업
 - 2007년 양평군지정 녹색농촌체험마을지정
  ⇒ (사)양평농촌나드리 회원가입
 - 2007. 10. 25 봉상리 수미마을 체험관 준공식 개최

 - 2008년 ~ 현재 : (사)양평농촌나드리 공동마케팅에 참여

양평농촌나드리와의 협약 관련 서류

어려운 홍보를 대신해 주고, 체험사업의 핵심인 체험객을 모집하여 마을로 연결시켜 주었기 때문이다. 개별 마을은 체험 프로그램만 진행하면 되니까 그만큼 체험 활동 운영에 전념할 수 있어서 더 나은 체험 프로그램 제공이 가능해졌다.

양평농촌나드리 지원 실적

(단위 : 명/천 원)

구 분	방문객 수(명)					소득액(천 원)				
	계	체험객		교육 (견학)	기타	계	숙박	식거래	체험프로 그램운영	기타 (식대등)
		당일	숙박							
2013년	54,884	49,945	4,939	0	0	1,070,172	64,210	267,543	438,770	299,649
2012년	23,008	20,937	2,071	0	0	493,592	34,261	132,020	212,190	115,121
2011년	17,480	15,940	1,540	0	0	375,000	26,030	100,301	161,209	87,460
2010년	11,250	10,200	1,050	0	0	257,000	10,100	74,710	115,650	56,540
2009년	4,550	4,120	430	0	0	68,000	4,500	17,940	30,600	14,960
2008년	850	700	150	0	0	14,500	1,500	3,285	6,525	3,190

* 2008~2009년까지의 체험객은 100%가 (사)양평농촌나드리 공동 마케팅을 통한 체험객이며, 이후 (사)양평농촌나드리의 비율이 서서히 낮아졌다.

수미마을도 양평농촌나드리와의 연계가 마을체험사업이 성공적으로 정착해 가는 데 있어 큰 버팀목이 되었다. 그 이전에는 마을 차원에서 기껏해야 인터넷 카페를 개설하는 정도에 그쳐 체험객 유치 효과를 기대하기 어려웠다. 그러나 양평농촌나드리와 연결이 되면서 점차 체험객 유치가 궤도에 오르고, 그러면서 수미마을의 체험사업이 활기를 띠게 되었다. 2008년의 경우를 보면 양평농촌나드리에서만 단체 체험객 중심으로 총 850명의 체험객을 수미마을에 보내 준 것으로 파악되고 있다.

2009년부터는 양평농촌나드리와의 관계는 그대로 유지하면서 수미마을 독자적인 홍보 및 마케팅 체계를 구축해 간다. 양평농촌나드리에서 체험객을 모집하면서 체험 참가비를 낮게 책정하는 바람에 양질의 체험 프로그램을 운영하기가 어려웠던 것이 독자적인 체험객 모집 마케팅을 시도하게 된 가장 큰 원인으로 지목되고 있다.

초기 수미마을의 체험사업 운영 성과와 과제

수미마을 발전 기반 구축

　수미마을 역시 우리 농촌이 겪고 있는 어려움을 그대로 보여 주고 있었다. 쌀농사에 전적으로 의존하는 데서 오는 저소득의 굴레에 빠져 있었다는 것이다. 쌀 농업은 농번기 한철 일이고, 유원지 관련하여 소득 사업도 하기는 했으나 여름 한때 잠시 종사하는 데 불과했다. 저소득은 결국 이러한 노동력 수요의 일부 계절 편중에서 비롯되는 문제다. 이를 인식하면서 연중 계속해서 노동력 수요가 발생하는 비농업 활동에 대한 관심이 자연스레 높아져 가게 된다.

　한편, 수미마을은 전주 이씨와 무안 박씨 들이 다수를 차지하는 동족 마을로서 기본적으로 폐쇄적이고 보수적인 성격을 띠는 전형적인 일반 농촌 마을이다. 새로운 것을 받아들이기 어려워하며, 그래서 변화에 둔 감하다. 이러한 소극적 의식을 어떻게 극복하느냐 하는 문제가 본 체험 사업의 성패를 가름하는 관건이다.

마을체험사업을 마을 공동으로 처음 착수하여 추진하면서 많은 것을 얻을 수 있었다. 무엇보다도 새로운 사업을 경험하면서 많은 것을 배우는 학습 기회를 가질 수 있었던 것이 제일 큰 소득으로 꼽을 수 있다. 지금껏 생각도 해 보지 않았던 새로운 분야의 사업을, 그것도 마을 공동으로 해 본 경험을 통해 마을 주민 개개인이나 마을 전체적으로나 안목과 역량이 크게 개발되었다는 것이다.

먼저, 주민들이 농촌 체험사업을 운영할 수 있는 능력을 갖추게 된 것이 가장 큰 성과다. 사업 계획을 수립하고, 체험객 대상으로 상품을 개발하여 판매, 사업 운영 과정에 발생하는 제반 요구 사항이나 애로 사항에 대처하는 등 사업 관리 역량이 습득되고 개발되었음을 부인할 수 없다. 처음으로 농업 활동이 아닌 서비스업의 마을체험사업을 실천하면서 당연히 이전과는 다른 수준 높은 경제적 관념과 경영 마인드를 갖추게 되었다.

주민들의 본 사업에 대한 참여도 제고를 위해 엄격한 규약을 설정하고 이행하는 데 소홀하지 않은 것도 하나의 요인으로 지적되고 있다. 정관 21조의 수익금 배당 및 회원 자격 상실 조항을 보면 총회에 3번 이상 불참하거나 본 사업 공동 행사에 2회 이상 불참하여 시정 권고를 받고도 이행하지 않을 경우, 정기 총회 2/3 이상의 찬성으로 수익금 배당 및 자격을 박탈하는 것으로 규정하였다.

또한 수미마을 체험사업을 하면서 지도자의 역량 또한 크게 향상되었음을 알 수 있다. 무릇 일이란 상황을 파악하고, 미래를 전망하고, 그리고 주어진 여건에서 최적의 대안을 마련하여 앞장서서 이끌어 가는 지도자의 능력에 크게 좌우되기 마련이다. 수미마을 체험사업 역시 그

지도자인 추진위원장을 비롯한 추진위원들의 지도에 크게 의존하지 않을 수 없었다. 더욱이 처음으로 시도해 보는 체험사업이라 지도자의 역할이 더 크게 부각되는 실정이었다.

그리고 본 마을체험사업을 추진하면서 민주적인 역량이 크게 배양된 것도 꼽지 않을 수 없다. 수미마을 역시 마을 공동 체험사업을 시작하면서 간단없이 다양한 여러 시련에 봉착되곤 했다. 무엇보다 경제적인 이해 관계가 충돌하면서 주민들 간에 여러 가지 갈등이 첨예하게 대두되었다. 이러한 갈등들이 원만하게 해결되지 않고서는 마을 공동 체험사업이 제대로 운영되기 어렵다. 마을 주민들 간 상충되는 의견을 합리적으로 조정하고, 타협을 이루기 위해서는 민주적인 의사 결정 절차와 방식이 마련되어야 한다.

이와 함께 이러한 민주적인 장치들이 제대로 작동하기 위해서는 민주적인 의식 또한 고양되어야 한다. 수미마을에서는 본 체험사업을 추진하면서 민주적 의사 결정을 위해 2007년부터 2012년까지 한 주도 빼지 않고 매주 운영위원회를 개최하였다. 6년간 매주 회의를 하면서 의견을 조율하고, 이해 관계를 조정하며 체험사업과 관련하여 협의하는 과정을 거치면서 자연스레 민주적 역량이 크게 배양되었음을 쉽게 짐작할 수 있다.

이와 함께 본 수미마을 체험사업을 통해 마을 주민 소득도 향상되고, 마을의 공동체 활동을 위한 기반 시설이 확충되었으며, 나아가 마을에서 생산한 농산물 판매도 부수적으로 늘어나는 등 여러 가지 가시적 성과를 거두기도 했다.

그리고 마을에서 이루어지는 갖가지 본 마을 공동 체험사업 프로그

민주적 의사 결정을 위한 수미마을의 회의
2007~2012년까지 6년간 매주 운영위원회를 개최하였다.

램 운영 이벤트를 보면서 마을 주민들의 2세대인 자녀들로 하여금 체험
사업에 대한 관심이 유발되고 증대되어 감을 확인할 수 있었던 것도 또
하나의 성과다. 자녀 세대의 참여와 관심은 장기적인 관점에서 대를 이
어 발전해 가는 체험사업의 발전 전략에 대한 고민이 필요함을 말해 주
고 있다.

마을체험사업의 과제

  마을 앞으로 하천이 흐르는 수미마을의 수려한 농촌 경관을 소득원
으로 활용하려는 생각을 오래전부터 해 왔다. 본 수미마을 체험사업은
이러한 생각의 연장선에서 처음으로 시도해 본 소득 증대 사업이었다.
  마을 공동으로 경제 사업을 잘 운영하여 주민 소득 향상을 비롯한 소
기의 성과를 거두기란 쉽지 않다. 수미마을은 처음 시도해 보는 마을 공
동 체험사업이지만 앞서 본 것처럼 여러 가지 긍정적인 성과를 거두었
다. 한편, 체험사업을 추진하면서 많은 애로 사항에 봉착하고, 또 나름
대로 한계를 느끼기도 했다.
  마을체험사업의 핵심은 체험객들을 마을에 유치하는 문제다. 그러기
위해서는 도시민들을 대상으로 널리 홍보해야 한다. 그러나 홍보 자체
만이 능사가 아니다. 도시민들이 방문하고픈 욕구가 생길 만한 체험 프
로그램이 먼저 마련되어야 한다. 상품성이 있어야 한다는 뜻이다. 그 다
음으로는 체험 프로그램들을 잘 운영하고 관리해야 하는 문제가 따른
다. 체험사업은 기본적으로 서비스업 성격의 활동이다. 마을체험사업

에 참여하는 주민 모두의 서비스 역량 향상이 무엇보다도 체험사업의 성패를 가름하는 관건임을 일러 주고 있다.

전문성 없이는 생존하기 어렵다는 것이 시장의 법칙이다. 체험사업 역시 치열한 시장 경쟁에서 살아 남는 것이 문제다. 시장 경쟁이라는 측면에서 수미마을의 마을 공동 체험사업 경험을 돌아보면 무엇보다 전문성 부족 문제를 지적하지 않을 수 없다. 마을 차원에서 감당하기 어려운 홍보 문제는 여전하고, 서비스 마인드 또한 문제이며, 더욱이 마을 공동으로 사업을 꾸려 나가는 것도 또 하나의 난관임에 틀림없다. 체험사업 경험이 없는 데서 오는 전문적 경영 능력 부족이 체험사업의 안착을 가로막는 장애가 되고 있음을 말해 주고 있다.

마을체험사업 운영의 전문성을 제고하는 역량 개발이 당면한 과제로 대두되고 있다. 사회적으로 이러한 문제를 인식하고, 나름대로 역량 개발을 위한 다각적인 노력을 하고 있으나 역부족이다. 주민들로 하여금 앞서가는 선진 마을 견학을 하게 한다든지, 전문가들을 초빙하여 주민들을 대상으로 교육을 실시하기도 하였다. 농촌 개발 전담 부서인 농어촌공사에서도 마을 리더들의 역할이 중요하다는 인식하에 '지도자 역량 개발 교육'을 실시하기도 했다. 실무자인 마을 사무장을 대상으로 초·중·고급 과정 연수 프로그램을 운영하였고, 스토리텔링·회의 기법·퍼실리테이션과 같은 주제로 심화 과정을 운영하는 등 한때 체계적인 마을 지도자 대상 교육 프로그램을 운영하기도 했다.

역량 개발은 애초에 이렇게 단편적이고 간헐적으로 교육 몇 번 실시해서 이룰 수 있는 그런 것이 아니었다. 역량 개발한답시고 실효성 없는 교육 프로그램 실시로 오히려 시간과 돈이 낭비되고 있다는 지적이 있

기도 하다. 보다 체계적이고 종합적인 차원에서 장기적으로 접근해야
할 필요가 있는 과제임을 말해 주고 있다.

3

수미마을의 기반 조성

🌳 농어촌체험휴양마을
사업자 지정과 등급 심사

농어촌체험휴양마을 사업자 지정 배경

대외 환경 : 중앙정부 농촌개발사업의 변화

한국의 농촌개발사업은 시기에 따라서 추구하는 이념이 다르게 나타난다. 1960년대 정부 사업은 주로 농업 생산성 향상을 통한 농업 소득의 증진을 목적으로 했다. 1970년대 사업은 이른바 새마을운동으로 대표된다. 농업 생산성 향상을 포함한 농촌 마을의 생활환경 및 주민의식 구조 개선을 종합적으로 접근하였다. 1980년대 중반 이후는 도시와 농촌 간의 생활환경 격차를 집중적으로 개선하고자 노력한 시기로 평가된다.

2000년을 전후해서는 농촌 마을이 보유하고 있는 다양한 자원을 활용하여 농촌 마을을 특색 있는 공간으로 정비하고, 도시민의 방문을 유도하여 농촌 마을의 활성화를 모색하는 새로운 유형의 정책이 추진되었다. 그 이전까지는 주로 도시와 농촌의 생활환경, 또는 정주 여건의 격차를 해소하는 사업들이 주를 이루었으나, 2000년대에 접어들면서 농촌 마을이 보유하고 있는 자원에 기초하여 농촌 공간의 특징을 살리고, 도시와 그리고 타 농촌 마을과 차별화시키는 전략이 나타난 것이다.

2001년에 행정자치부가 처음으로 '아름마을가꾸기사업'을 도입하였다. 2002년에는 농촌진흥청이 '농촌전통테마마을사업', 2003년에는 농림부가 '녹색농촌체험마을사업'을 시행하였다. 녹색농촌체험마을사업은 농촌 마을의 기능을 새롭게 인식하고 있다. 종래의 농업 생산 중심에서 탈피하여 농업 체험 및 농촌의 다양한 생활 체험 등을 통한 농촌 활성화 방안을 모색하는 사업이다.

농촌을 농업 생산의 공간만이 아닌 농촌 체험이라는 기존에 없었던 시각으로 바라보기 시작했다. 나아가서는 농촌 개발의 주안점이 농촌 마을의 물적인 공간 구조를 획일화하거나 표준화시키는 개선이 아니라, 장소가 보유하고 있는 특징적인 요소를 활용하여 장소의 특징을 극대화시키는 방향으로 전환되었다. 농촌 개발에 대한 접근 방식이 농촌 주민들이 필요로 하는 제반 기초 복지 시설들을 만들어 나가는 '기초 수요적 접근(Basic-need approach)'에서 한 단계 더 성장하여 농촌이라는 장소가 보유하고 있는 유무형의 자원을 활용하여 장소의 특징을 부각시키는 '장소 지향적 접근(Place-based approach)'으로 전환되었다.

대내 환경 : 양평군의 녹색농촌체험마을 제도 도입

녹색농촌체험마을사업 유형은 새로운 농촌 개발 정책의 패러다임으로 자리 잡았다. 지방자치단체 사업에 많은 영향을 미쳤다. 왜냐하면 지

방자치제도가 시행되고 있다고는 하나 농촌 지역 자치단체의 재정 여건
이 충분하지 않은 상태였기 때문에 지방정부가 독자적인 농촌개발사업
을 자체 예산으로 수행할 수 있는 정도는 아니다. 그래서 지방자치단체
의 농촌개발사업은 중앙정부의 보조금을 받아서 시군 관내의 농촌개발
사업을 시행하는 것이 일반적이었다.

양평군도 농림부의 녹색농촌체험마을 보조 사업을 획득하기 위해서
노력했다. 농림부의 보조금 사업 공모에 적극적으로 참여하여 경쟁을
통해 선정 대상지가 될 수 있도록 전방위적 노력을 하였다. 그런 상황
속에서 양평군은 2006년에 비록 일회에 그쳤지만 양평군이 자체적으로
지정하고 관리하는 '녹색농촌체험마을'을 시행한 적이 있다.

수미마을 녹색농촌체험마을 지정

양평군과 농촌체험마을

당시의 양평군은 전국의 타 시군에 비하여 농촌체험마을 지정과 운
영에 대한 인식이 높았으며, 관련 활동을 활성화하기 위한 지원 시스
템을 정비하는 등의 활동을 전개하였다. 양평군청에 농촌관광팀과 민
간 조직인 농촌체험마을 연합체인 '양평농촌나드리'라는 지원 조직을
만들었다.

양평군이 수미마을을 양평군 지정 녹색농촌체험마을로 선정한 배경
은 당시의 수미마을이 당면하고 있었던 민원 사항 처리와 관련이 있다.

수미마을은 마을 옆을 지나가는 6번 국도 확·포장 사업과 하수 종말 처리장 마을 내 입지 문제로 양평군과 첨예한 갈등을 빚고 있었다. 양평군 입장에서는 수미마을의 민원을 해결해야 할 상황에 있었고, 수미마을 주민 입장에서는 새로운 발전의 계기를 마련해야 하는 절박한 상황에 놓여 있었다. 양평군은 이런 배경에서 수미마을을 양평군 녹색농촌체험마을로 선정하게 된다. 2006년 양평군 녹색농촌체험마을로 선정된 마을은 지평면 일신리, 양서면 도곡리, 단월면 봉상 2리(수미마을) 등 세 곳이다.[3]

양평군은 수도권 정비계획법상 자연보전 권역에 속한다. 수도권 주민의 상수원인 한강 물이 양평을 통과하기 때문이다. 따라서 양평군 관내에서는 택지·공업용지·관광지 등의 조성을 목적으로 하는 일정 규모 이상의 개발사업, 그리고 학교·공공청사·업무용 건축물 등의 인구 집중 유발 시설의 신·증설 등이 제한된다. 양평군은 개발 행위에 있어서 제약 조건이 많고, 선택의 폭이 매우 좁다. 특히 공업단지 등 제조업을 성장 동력원으로 선택할 수 없기 때문에 1차 산업인 농업과 3차 산업인 서비스업에 관심을 가질 수밖에 없다.

그래서 양평군은 1차 산업인 농업과 3차 산업인 서비스업을 융복합하는 전략을 고안하기에 이른 것이다. 이러한 전략이 실제적으로 가능했던 가장 큰 이유는 양평군이 서울과 수도권으로부터 그다지 멀지 않는 곳에 입지하고 있다는 점이다. 게다가 자동차를 이용해서 용이하게

---

3) 전체 세 곳의 녹색농촌체험마을에 대한 사업비는 도비 5천만 원, 군비 4억 5천만 원, 균특회계 1억을 합하여 6억 원으로 구성되어 있다. 한 사이트당 2억 원이 지원되었다(양평군의회 제5대 제150회 예산결산특별위원회 회의록).

접근할 수 있는 도로망이 잘 갖추어져 있는 것도 하나의 요인이다. 또한, 양평군은 당일치기로 휴일을 부담 없이 보내고 즐길 수 있을 정도의 아름다운 자연 경관을 보유하고 있다.

그런데 양평군은 2차 산업에도 제약이 있지만, 농업을 함에 있어서도 근본적인 제약 조건을 가지고 있다. 한강 수계의 수질을 유지하기 위해서는 수질을 오염시키는 행위를 할 수 없기 때문에 농업 또한 친환경농업을 해야만 한다. 이러한 입지적 특수 상황이 양평군이 처하고 있는 제약 조건인 동시에, 한편으로는 양평군이 다른 지자체와 차별화되는 특징이기도 한 것이다. 그래서 친환경농업과 수도권 도시민들의 관광 수요를 결합한 전략인 '친환경 체험관광'이 탄생하게 된 것이다.

양평군의 입지적 특성에서 도출된 성장 전략은 당시 농식품부의 녹색농촌체험마을사업이 지향하는 정책 방향과 일치했다. 그래서 양평군은 당시의 농식품부의 정책인 녹색농촌체험마을사업을 선제적으로 적극 활용하고, 앞장서서 추진하는 전략을 마련하였다고 생각된다.

양평군은 1998년 4월 10일, 전국 최초로 양평군을 환경농업 지역임을 대외적으로 선포하였다. '양평 환경농업 21'이라는 계획을 수립하여 구체적인 환경농업과 관련된 정책을 시행한 바 있다. 2005년에는 전국 유일의 친환경농업특구로 지정받았다.[4] 당시의 한택수 전 군수는 친환경

---

4) 2005년 5월, 양평군의 4대 군정 방침의 하나로 친환경농업과 연계한 생태 전원마을 조성 정책이 모습을 보였다. 2005년 양평군은 '지역특화발전특구법'에 따라 재경부에 예비 특구 신청(생태환경도시특구, 친환경 레저파크특구, 테마가 있는 문화관광특구, 친환경농업특구)을 한 바 있다. 최종적으로는 양평군은 친환경농업특구가 가장 적합하다고 판단하였다(양평군의회 제4대 130회 본회의 기록).

농업과 연계한 농촌관광을 위하여 녹색농촌마을 조성, 지역의 특성을 이용한 쾌적한 휴식처 제공, 생태 건강마을 조성, 전통 생태 산촌마을 조성, 자연휴양림 조성 등의 사업을 통해서 도시민들이 자연과 더불어 전통문화를 배우고, 새로운 휴가문화와 학습의 장을 만들어 농가 소득과 지역경제 활성화에 기여하도록 하는 정책을 추진할 것임을 밝혔다(양평군의회 제4대, 제139회 본회의 제3차 회의록).

농림부 녹색농촌체험마을사업 대상지로 선정

수미마을은 2011년 농림부의 녹색농촌체험마을지원사업 대상 지역으로 선정, 총 사업비는 2억 원(국비, 지방비 포함)이었다.

사업비는 다목적 체험관(식당, 샤워장, 화장실)을 신축하는 데 사용되었다. 운영위원회는 다목적 체험관을 건립하기 위하여 후보지를 신청

농림부의 녹색농촌체험마을 사업비로 건립한 다목적 체험관

받았다. 두 곳의 후보지 중 투표를 통해서 현재의 장소가 적지로서 판정
되었다. 토지 소유자인 윤천욱 씨는 마을의 지형적 여건과 경제 상황을
충분히 이해하고, 마을 주민들의 요청에 흔쾌히 응답하여 마을 공동 사
업에 적극 협조하였다.[5]

농림부의 녹색농촌체험마을사업은 수미마을이 중앙 부처로 사업비
를 받은 최초의 사업이면서 마지막 사업이기도 하다. 수미마을은 타 마
을과는 달리 중앙정부의 관련 사업을 많이 받으려고 하지는 않았다.

수미마을 농어촌체험휴양마을 사업자 지정

사업자 지정 근거와 필요성

농어촌체험휴양마을의 근거 법률은 2007년에 제정된 도시와 농어촌
간의 교류 촉진에 관한 법률(이하 '도농교류법')이다. 2003년부터 시행되
어 온 농림부 녹색농촌체험마을사업의 경우를 보면, 2007년 근거법이
제정되기까지는 법적 기반을 갖추지 못한 채 시행되었다. 농림부의 사
업 지침이 사업 추진 근거의 전부였다.

그러면 녹색농촌체험마을사업은 왜 근거법 제정이 필요했던 것인
가? 동법에서는 제정 목적을 "도농 교류 활동의 지속적인 유지·발전을
위한 법적·제도적 장치를 마련하여 농어촌의 사회·경제적인 활력을 증

---

5) 윤천욱 씨는 다목적 체험관 부지 외에도 텃밭 부지를 마을사업에 사용할 수 있
　도록 임대하였으며, 마을 내 도로 부지 일부를 마을에 제공하고 있다.

진시키고, 도시민의 농어촌 생활에 관한 체험과 휴양 수요를 충족시킴으로써 도시와 농어촌 간의 균형 발전과 국민의 삶 질 향상에도 이바지하고자 함."이라고 밝히고 있다.

농촌 체험 활동은 그동안 개인이나 단체에 의해 이루어지기보다는 농촌 마을 공동체가 주체가 되어서 '농촌 체험'이라는 서비스를 상품으로 제공하는 일종의 경제 행위를 일컫는다. 농촌 체험은 넓은 의미로는 관광사업 범주에 속한다. 따라서 농촌 마을이 농촌관광의 새로운 주체로서 등장하였음을 말해 주고 있다. 이제 농촌 마을은 농촌 체험이라는 상품 공급자로서의 적절한 시설과 프로그램을 갖추어야 하고, 소비자에게 상품 가치를 지닌 서비스를 제공해야 하는 상황에 놓이게 되었다.

당시의 농촌 마을은 농촌 체험 관련 기반 시설이 질적·양적으로 미비하거나 부족했다. 경영 주체라는 인식도 없었을 뿐만 아니라, 실제로 사업자가 되어서 도시민을 대상으로 서비스를 제공해 본 경험도 없었다. 그리고 농촌 체험을 어떻게 할지에 대하여 방법론적으로 정리된 상황도 아니었다. 농촌 체험을 수행하면서 요구되는 기준을 만들어 나가야 했다. 그래서 다양한 분야의 전문가가 참여하고, 선진국 경험을 한국적인 특수성과 조화시켜서 새로운 유형의 정책 내용을 구체화시켜야 했다.

농촌 마을이 사업자 지정을 받아야 했던 가장 실질적인 이유는 그렇게 하는 것이 그렇게 하지 않는 것보다 사업 수행에 매우 유리했기 때문이다. 농촌 마을이 사업자 지정을 받을 경우, 농가 민박 및 음식 판매 등에 있어서 특례가 인정되었기 때문이다. 식품위생법(2009)·공중위생관리법(2011)의 특례 인정, 또는 적용 배제를 받을 수 있었다. 농촌 마을이 식품위생법이나 공중위생법에서 요구하는 서비스 시설이나 기준 등을 모두 충족하기는 무리였다. 경험이 일천하고, 전문성이 낮아서 단기간에 이러한 문제 해결이 어려운 실정이었다. 그래서 농촌 마을 주민들로 하여금 일정 수준의 교육을 받게 해서 용인할 수 있는 범위 내에서의 서비스 제공이 가능하도록 하였다. 농촌 활력 제고를 위한 사회적 타협의 한 결과라고 생각된다.

농어촌체험휴양마을 사업자로 지정

앞에서 말한 바와 같이 수미마을은 2006년 양평군 녹색농촌체험마을로 선정되었다. 2007년에는 양평군으로부터 2억 원의 보조금을 지원받아서 체험관(시설)을 완공하였다. 2008년에는 체험관 시설을 이용하여 체험 관련 사업을 실제로 수행하게 되었다. 사업 수행을 위해서는 사업자 등록을 해야 하나, 당시의 농촌체험휴양마을은 사업자 등록 없이 사업을 수행하는 경우가 일반적이었다.

수미마을은 2010년이 되어서야 비로소 양평군으로부터 농어촌체험휴양마을 사업자 지정을 받게 된다. 수미마을 농촌 체험사업이 양평군이 인증하는 공신력을 획득하였음을 뜻한다.

사업자 지정[6]과 관련된 내용은 도농교류법(제5조)에 명시되어 있다. 동법 규정에 따라 수미마을의 체험마을 운영에 참여하는 13가구 주민들의 동의와 협의를 거쳐서 사업 계획서를 만들어 양평군에 제출하였

---

6) 도농교류법 제5조에 의하면 농어촌체험휴양마을을 운영하려는 마을협의회 또는 어촌계는 시장, 군수에게 지정 신청을 하도록 되어 있다. 제출 서류는 마을의 규약 또는 정관, 사업 계획서, 마을 전체 가구의 1/3 동의서 등이다.

다. 당시 수미마을에 조성되어 있었던 시설은 생활 편익 시설로는 마을 체험관·야외 화장실, 농어촌 체험 기반 시설로는 농사 체험관과 밤나무 숲 유원지가 있었다. 숙박 서비스, 음식 제공 및 즉석식품 제조 판매 가공 시설로는 마을 체험관, 마을회관이 있었다. 사업 계획서는 이러한 시설들을 이용하여 체험객에게 어떠한 체험 서비스를 제공할 것인가에 대한 구상과 발전 계획을 제시하고 있다. 당시에 제시한 체험 프로그램들은 거의 대부분 계획대로 시행되었고, 필요로 하는 체험 시설들도 다 갖추게 되었다.

당시 양평군은 기초 자치단체로서는 최초로 농촌체험휴양마을사업 전담 부서를 만들었다. 친환경농업과에 농촌관광팀이라는 새로운 조직을 설치하여 농촌체험휴양마을사업을 전담케 했다. 양평군은 친환경농업과 농촌관광을 연계하는 농촌체험휴양마을사업을 양평군 농촌 지역 활력 증진을 위한 하나의 효과적 대안으로서 매우 긍정적으로 생각하였다. 지자체상 또한 이에 대한 육성 의지가 강했다. 이런 배경에서 양평군은 사업자 지정 문제를 농어촌체험휴양마을 육성이라는 차원에서 접근하였고, 법률에서 정한 조건을 충족할 경우 가능한 한 농촌체험휴양마을 사업자로 지정해 주었다.[7] 농촌체험휴양마을 사업자로 지정을 받지 않을 경우, 식당 및 숙박 등의 운영과 관련하여 주민 간의 갈등과 민원이 발생하였다. 이런 점을 미연에 방지하고 해결하기 위해서라도 사업자를 지정해 주는 것이 더 나은 정책이라는 생각이 있었다.

수미마을은 농촌체험휴양마을 사업자 지정을 두 차례 받았다. 다음 사진에서 보는 바와 같이 2010년에는 '이헌기'를 대표자로 지정받았고,

7) 양평군청 홍승필 팀장 인터뷰(2010년 당시 농촌관광팀 사업자 지정 담당자)

지정번호 제 2010 - 3호

농어촌체험·휴양마을사업자 지정증서

사업자(마을명) : 봉상2리 수미마을

사업소재지 : 경기도 양평군 단월면 봉상리500번지2호

대표자 성명 : 이 헌 기

생년월일(대표자) : 1960년 5월 10일

주소(대표자) : 경기도 양평군 단월면 봉상리 531번지

사업개요 : 농특산물 판매 및 농촌체험관광 운영

「도시와 농어촌 간의 교류촉진에 관한 법률」 제5조제2항 및 같은법 시행규칙 제2조의4항에 따라 위와 같이 지정하였음을 증명합니다.

2010년 03월 09일

양 평 군 수(인)

지정번호 제2010-3호

농어촌체험 · 휴양마을사업자 변경지정증서

1. 사업자(마을명) : 봉상2리 수미마을

2. 사업소재지 : 경기도 양평군 단월면 봉상리 500번지 2호

3. 대 표 자 : 최 성 준

4. 생년월일(대표자) : 1978년 3월 18일

5. 주소(대표자) : 경기도 양평군 단월면 수미길 52번길 2-1

6. 사업개요 : 농특산물 판매 및 농촌체험관광 운영

「도시와 농어촌 간의 교류촉진에 관한 법률」 제5조제3항 및 같은법 시행규칙 제3조제4항에 따라 위와 같이 변경지정하였기에 이 증서를 발급합니다.

2015년 5월 12일

양 평 군 수

수미마을의 농촌체험휴양마을 사업자 지정 증서

2015년에는 '최성준'을 대표자 명의로 해서 또다시 지정을 받게 된다. 사업자 지정을 받으면 사업 수행 과정에 특례를 인정받아서 번거롭고 까다로운 절차를 간소화할 수도 있었고, 마을을 방문하는 소비자에게도 신뢰를 줄 수 있다는 면에서도 도움이 되었다.

농림부 농어촌체험휴양마을 심사 평가

2012년 농어촌관광사업 평가 도입

2012년에는 농어촌관광사업에 대한 평가 결과에 따라 등급을 부여하

는 '등급 결정 제도'가 신설되었다. 이 등급 결정 제도는 농림축산식품부 주관으로 운용되고 있으며, 등급은 농어촌체험휴양마을 수행 실적 및 능력과 관련된 제반 평가 결과를 토대로 매겨진다. 수미마을은 2013년부터 농림축산식품부의 농어촌체험휴양마을 등급 심사를 현재까지 매 2년마다 받아 오고 있다.

등급 심사 절차를 보면, 농림축산식품부가 먼저 등급 평가를 위한 심사 기준을 제시하면 한국농어촌공사 자원개발연구원에서 실시 계획을 마련하고, 현장 심사를 실시하게 된다. 이어서 농림축산식품부에서 등급 결정 심의위원회를 구성하여 관련 자료 및 현장 심사 결과를 토대로 등급을 결정하는 과정을 거치고 있다.

등급 심사 제도는 도농교류법의 농어촌관광사업에 대한 평가 및 등급결정에 관한 규정에 근거하고 있다. 동법 제13조에 의하면, "농림축산식품부장관은 농어촌체험휴양마을, 관광 농원 및 농어촌 민박 이용자에 대한 편의 제공과 시설 및 서비스 수준을 향상시키기 위하여 농어촌체험휴양마을사업을 평가하고 등급을 결정할 수 있다."라고 명시되어 있다.

2013년 등급 평가 결과

2013년의 경우, 농어촌체험휴양마을 등급 평가 영역은 4개 부문으로 구성되었다. 대부분 농어촌체험휴양마을 심사는 농촌 마을을 대상으로 실시했는데, 현장 심사단이 해당 마을을 방문하여 심사하고 채점하는 방식이었다. 등급은 농림축산식품부의 관련 위원회에서 최종적으로 결정했다.

2013년 평가에서 수미마을은 서비스·경관 분야, 음식·숙박·체험 분야 등 전 부문에서 1등급을 받았다. 1등급을 받을 경우 농림축산식품부에서 제작한 표지판을 전달 받고, 해당 마을은 표지판을 체험 시설에 부착하도록 하고 있다. 수미마을의 경우도 '으뜸촌'이라는 1등급 표지판을 체험관 앞에 부착하고 있다.

2013년은 수미마을 역사에 있어서 매우 중요한 해다. 농촌체험휴양마을 관련 각종 대회에서 우수한 성과를 냈던 한 해로 기록되고 있다. 동년에 대한민국 농촌마을 대상 농촌마을 부문 '대통령상'을 수상하였으며, 양평군으로부터는 행복 공동체 지역 만들기 '최우수상'을 수상하고 부상으로 상금 7천만 원을 받기도 했다.

2013년에는 전국 109개 마을이 평가를 신청하고 심사를 받았다. 이 중에서 8개 마을만이 1등급을 받게 되었다. 경기도에서는 13개 마을이 심사를 받았는데, 이 중 1등급을 받은 마을은 수미마을이 유일하다. 당시 수미마을과 함께 1등급을 받은 마을은 강원도 양구군 국토 정중앙 배꼽마을, 강원도 평창군 어름치마을, 전라북도 익산군 산들강 웅포마을, 전라남도 담양군 무월마을, 담양군 창평 삼지네마을 및 영광군 용암마을, 경상남도 창원시 빗돌배기마을 등이다.

수미마을이 2013년 평가에서 으뜸촌으로 선정되었던 중요한 이유는 계절별로 축제 프로그램을 만들어 10억 이상의 매출을 올렸다는 점과 예비 사회적 기업으로 일자리 창출에 기여했다는 점이 높게 평가되었다. 수미마을은 2010년 사업자 지정을 받은 이후 다수의 상근직 및 일용직 근로자를 채용하고 있다.

2015년 등급 평가 결과

2015년 심사 평가에는 전국 350개 마을이 참여하였다. 수미마을은 2013년도와 동일하게 전 부문 1등급을 받게 되었다. 경기도에서는 12개 마을이 신청하였으며, 2013년과 마찬가지로 수미마을만이 또 1등급을 받았다.

2015년 평가 결과는 2013년의 것과 매우 유사하다. 전국의 8개 마을만이 1등급을 받았으며, 1등급을 받은 마을도 1개 마을을 제외하고는 2013년 으뜸촌 선정 마을과 동일하다. 2013년에 지정된 으뜸촌 마을 중 강원도 양구군 국토 정중앙 배꼽마을이 빠지고, 경상남도 진주시 가뫼골마을이 새롭게 진입했다. 수미마을은 2013년과 2015년에 걸쳐 경기도에서는 유일하게 으뜸촌에 선정됨에 따라 경기도의 대표적인 농촌체험휴양마을로서 자리매김하게 되었다.

2015년은 수미마을 위원장이 교체되는 전환기이기도 하다. 그동안 사무장으로서 역할을 충실하게 감당해 온 최성준 사무장이 위원장으로 새롭게 선출되었다. 사무장이 위원장으로 올라가는 경우는 흔치 않은 사례다. 이는 수미마을의 개방성을 잘 보여 주는 한 단면이기도 하다.

2017년 등급 평가 결과

2017년 농어촌체험휴양마을 평가에는 전국에서 484개의 마을이 참여하였다. 평가를 신청한 마을 개수가 대폭 증가하였다는 사실은 그 모수가 되는 농어촌체험휴양마을 개수가 늘어났다는 것을 말해 준다. 이러한 열기를 반영하여 2017년 평가에서는 16개 마을이 으뜸촌으로 선정되었다. 2013년과 2015년에 지정된 으뜸촌 개수의 2배에 해당한다.

으뜸촌 지정 개수가 늘어남에 따라 2013년과 2015년에 등장하지 않았던 다수의 마을이 으뜸촌으로 새로 등장하게 되었다. 경기도의 경우 종래에는 수미마을만이 선정되었으나 가평 초롱이둥지마을, 안성 선비마을, 이천 서경들마을이 으뜸촌에 같이 포함되었다. 타 도의 경우에도 새로운 마을이 으뜸촌에 다수 합류하게 되었다.

2017년에는 인제군 마의태자 권역, 태안군 갈두천 권역 등 권역을 대상으로 하는 농촌마을종합개발사업 대상 지역 또한 으뜸촌으로 선정되었다. 몇 개 마을을 통합한 권역을 대상으로 사업을 수행하는 농촌마을종합개발사업도 으뜸촌 평가 대상에 포함되었다는 것을 말해주고 있다.

2019년 등급 평가 결과

2019년 평가에는 전국에서 총 368개소가 참여하였다. 마을이 338개소이며, 기타 관광 농원·민박 사업도 여기에 포함되어 있다.

2019년에는 일부 심사 기준에 변화가 있었다. 심사 대상 분야가 달라졌는데, 서비스·경관 분야 대신 교육 분야가 새로 포함되었다. 교육 분야 평가 기준에는 교육 프로그램의 우수성, 어린이 대상 체험학습 프로그램 실시 등에 관한 내용이 포함되었다. 도농교류법 농어촌 체험교육 활성화에 대한 규정의 취지를 살린 것이라 생각된다. 동법 제14조는 "국가 및 지방자치단체는 대통령령으로 정하는 바에 따라 유치원의 원아 및 학교에 재학 중인 학생이 농업, 어업 및 농어촌의 가치를 교육받을 수 있도록 농어촌 체험교육을 활성화시키기 위해서 노력해야 한다."고 규정하고 있다.

평가 기준의 변화에 따라 으뜸촌으로 지정된 마을의 개수도 대폭 줄어들었다. 2019년에는 4개 마을만이 으뜸촌으로 지정되었다. 교육 분야가 처음으로 평가 부문에 들어감에 따라 농촌 마을이 이에 대한 준비를 할 수 있는 시간도 부족했고, 평가 기준에 대한 이해가 부족한 데서 초래된 현상이 아닌가 한다.

수미마을은 전국에서 4개 마을만이 지정되는 어려운 여건 속에서도 으뜸촌으로 살아 남는 저력을 보여 주었다. 수미마을은 심사·평가에서 교과 연계형 프로그램 개발 및 교육기관의 교육 역량 강화와 관련된 내용을 준비하여 좋은 평가를 받았다.

수미마을에 지정된 으뜸촌 유효 기간은 2021년까지다. 2019년부터 평가 유효 기간이 2년에서 3년으로 늘어났기 때문이다. 그동안 매 2년 단위로 평가를 받았다. 평가 기간이 늘어나면서 오는 관리 사각지대 방지 장치 또한 강구하고 있다. 으뜸촌이 지정 당시와 균일한 서비스를 제공하고 있는지 확인하기 위하여 소비자들이 암행으로 으뜸촌을 방문하여 모니터링을 하도록 하는 규정을 두고 있다. 모니터링을 통해서 타당성을 확인하고, 지속성과 환류를 통한 발전 시스템 작동을 기대하고 있다.

농어촌체험휴양마을 으뜸촌 지정 현황

연도	으뜸촌	개수	비고
2013	경기도 양평군 수미마을, 강원도 양구군 국토 정중앙 배꼽마을, 강원도 평창군 어름치마을, 전라북도 익산시 산들강 웅포마을, 전라남도 담양군 무월마을, 전라남도 담양군 창평 삼지네마을, 전라남도 영광군 용암마을, 경상남도 창원 빗돌배기마을	8	
2015	경기도 양평군 수미마을, 강원도 평창 어름치마을, 전라북도 익산시 산들강 웅포마을, 전라북도 완주군 창포마을, 전라남도 담양군 무월마을, 전라남도 담양군 창평 삼지네마을, 경상남도 창원시 빗돌배기마을, 경상남도 진주시 가뫼골마을	8	
2017	경기도 양평군 수미마을, 경기도 가평군 초롱이 둥지마을, 경기도 안성시 선비마을, 경기도 이천시 서경들마을, 강원도 원주시 고원주 섬강 매향골마을, 강원도 인제군 마의태자 권역, 충청남도 금산군 조팝꽃피는마을, 충청남도 태안군 갈두천 권역, 전라북도 완주시 창포마을, 전라남도 담양군 무월 마을, 경상북도 고령군 예마을, 경상북도 칠곡군 가산산성마을, 경상남도 진주시 가뫼골마을, 경상남도 창원 빗돌배기마을	16	권역 지정
2019	경기도 양평군 수미마을, 전라북도 완주 창포마을, 전라북도 완주 무풍승지마을, 경상남도 창원시 빗돌배기마을	4	평가 기준 수정

* 자료 : 농식품부(농어촌공사) 웰촌 포털 사이트

수미마을 으뜸촌 표지판
수미마을은 2013년, 2015년, 2017년, 2019년 4회 연속 '으뜸촌'으로 지정되었다.

사업자 지정과 평가 결과의 의미

농어촌체험휴양마을 사업자로 지정받았다는 것은 법적으로 갖추어야 할 기준에 부합하는 사업자로서 자격을 갖추고 있다는 것을 공인받았다는 것이다. 농촌 체험을 시행할 수 있는 법적 기준에 부합하는 제반 시설 및 적절한 프로그램을 보유하고, 시설과 프로그램을 작동시킬 수 있는 인적 자원과 경영 주체로서의 능력을 가지고 있다는 것을 의미한다. 이럴 경우 도시 소비자는 안심하고 농촌체험마을을 방문할 수 있고, 방문하는 농촌체험마을이 어떤 내용의 체험을 제공하고, 어떤 수준의 마을인가에 대한 정보를 정확히 인지할 수 있다.

농촌 체험 활동은 하나의 서비스 상품으로 등장하게 되었다. 농촌 마을은 '농촌 체험'이라는 서비스를 생산하고 판매하는 장소가 되었으며, 체험 비용을 받을 수 있는 주체가 되었고, 나아가서는 소비자로부터 받는 비용에 합당한 서비스를 제공할 의무를 지니게 되었다. 농촌 마을이 농촌 체험 활동을 주도하는 하나의 경영 주체로서 등장하였다. 이는 농촌 마을이 농촌관광의 대상지가 되고, 마을 공동체가 농촌관광 프로그램을 만들고 시행하는 새로운 형태의 농촌관광이 농촌 사회에 자리 잡아가는 모습을 보여 주고 있으며, 수미마을이 앞장서서 그 역할을 충실히 수행하고 있다는 것을 보여 준다.

수미마을은 한국을 대표하는 농어촌체험휴양마을이 되었다. 2013년 이후 현재까지 4차례에 걸쳐 농림축산식품부와 한국농어촌공사에서 실시한 농어촌체험휴양마을 운영에 관한 심사, 평가를 받아 수미마을은 4회 연속 전 부문 1등급 '으뜸촌'으로 선정되었다. 체험 활동을 시작한 지 10여년 만에 전국에서 가장 우수한 농촌 체험 및 휴양 마을로 성장하게 된다. 2013년 평가 이후 4회 연속 으뜸촌으로 선정된 마을은 경기도 양평 수미마을과 경상남도 창원시 빗돌배기마을[8] 등 전국에서 두 곳뿐이다.

앞의 '농어촌체험휴양마을 으뜸촌 지정 현황'에서 보는 바와 같이 일부 마을들은 한두 차례 으뜸촌으로 선정되기도 하였다. 수미마을처럼 연속적으로 재지정되지는 못했다. 4회 연속으로 선정되었다는 것은 무엇을 의미하는 것일까? 농촌체험휴양마을로서 갖추어야 할 제반 시설이나 프로그램, 경영 능력이 최고 상태로 장기간에 걸쳐 지속적으로 유지하고 있다는 것이다. 또한 으뜸촌 지위를 유지하기 위하여 수미마을 리더와 주민들이 지속적으로 노력해 왔고, 평가 기준을 숙지하여 부족한 점을 고치고 개선하는 데에도 게을리하지 않았음을 단적으로 보여준다.

---

8) 빗돌배기마을(감미로운 마을)은 수미마을과 함께 2013년 이래 평가에서 계속 으뜸촌으로 지정된 마을로, 우리나라 농촌체험휴양마을을 대표하는 마을 중 하나다. 빗돌배기의 '배기'는 '아래'라는 뜻의 순우리말이다. 빗돌로 이루어진 동산 아래에 마을을 이루고 있다는 뜻이다. 마을에 감나무 밭이 넓게 펼쳐져 있어서 감이 주렁주렁 열린 가을 경치가 으뜸이다. 단감을 활용한 다양한 체험 프로그램이 있고, 마을 내에 농촌체험지도사 및 마을해설사 양성 과정이라는 교육 과정을 만들어 운영하고 있다. http://www.sweetvillage.co.kr

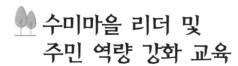 수미마을 리더 및
주민 역량 강화 교육

역량 강화 교육의 배경

　농촌체험휴양마을사업은 정주 여건의 개선을 목적으로 하는 생활환경개선사업과는 주민 참여 측면에서 매우 다르다. 농촌생활환경개선사업은 지방자치단체가 중앙정부로부터 보조금을 수령하여 실제의 사업 계획을 수립하고 사업비를 집행하는 형식으로 이루어진다. 지방자치단체 공무원이 사업을 발주하면, 주로 건설 회사가 시공하는 방식이다. 중앙정부의 부처, 지방정부의 관련 조직 및 시공 회사가 사업 수행에 있어서 주요한 주체다. 따라서 주민 참여가 없이도 사업을 수행하는 데 별 문제가 없었다. 오히려 주민 참여를 사업의 효율적인 집행 장애로 여길 수도 있었다. 반면에, 농촌체험휴양마을사업은 주민 참여가 필수적이다. 체험 프로그램을 만들고, 체험 프로그램을 운용하는 사람이 모두 해당 마을의 리더와 주민이다. 주민이 없이는 농촌체험휴양마을 프로그램을 작동시킬 수 없다.

농촌생활환경개선사업과 농촌체험휴양마을사업은 경영이라는 면에서도 큰 차이가 있다. 기존의 농촌생활환경개선사업은 물리적인 시설물의 설치와 사용이 주목적이었다. 반면에 농촌체험휴양마을사업은 농촌 체험 휴양 시설과 프로그램의 운용, 방문객의 유치를 통하여 수익을 창출해야 하는 특성을 가지고 있다. 다시 말하면, 농촌체험휴양마을사업은 농촌 리더와 주민이 직접 참여하는 가운데 농촌 체험 휴양 시설의 설치·프로그램의 고안 및 작동·서비스 활동·방문객 유치를 위한 홍보 등을 종합적으로 구상하고 실천함으로써 가능한 한 많은 경영 수익을 창출하는, 일종의 기업과 같은 비즈니스라고 할 수 있다. 그래서 농촌 마을이 하나의 경영 주체로서 등장하게 된 것이다.

그 이전의 농촌생활환경개선사업에서는 수익성을 추구하는 경영 주체로서의 인식 없이 단지 지방자치단체가 완공해 준 시설물을 이용하고 유지하는 수혜자의 위치에 머물러 있었다. 따라서 주무 부서인 농림축산식품부는 주민 참여가 전제되는 농촌체험휴양마을사업이 종래의 사업과는 어떤 면에서 구분되는지에 대한 고민을 할 수밖에 없었고, 사업을 실천해야 하는 지방자치단체와 지역 주민들도 체험 시설을 유지, 체험 프로그램의 준비 및 작동을 해야 하는 실제적인 상황에 직면하게 되는 것이다. 기존의 농촌개발사업에서 중요하게 다루어지지 않았던 농촌 주민의 새로운 역할이 크게 부각되고 있다. 사업 수행 전 과정, 다시 말하면 체험휴양마을 운영에 관한 계획 수립, 시설물 설치 및 유지, 음식·숙박·체험 활동 등에 대한 서비스, 방문객 유치, 관련 회계 및 사무 등의 과정에 주민 참여가 필수적이다.

나아가 참여하는 주민 역량에 따라서 사업 성과가 달라질 수 있다.

일반적으로 주민 역량은 주민의 동기 부여와 능력에 따라서 결정된다. 그래서 주민의 하고자 하는 성취 동기를 고취하고, 농촌체험휴양마을사업의 수행 과정에서 필요한 능력을 함양시키기 위한 교육 프로그램이 매우 중요하다. 농촌체험휴양마을의 역량 강화는 마을 경영에 있어서 수익성에 결정적인 요인으로 작용한다.

녹색농촌체험마을사업이 정책적으로 도입되는 초기 단계에는 주민 참여와 역량 강화를 어떻게 수행할 것인지에 대한 충분한 지식이 없었을 뿐만 아니라, 관련 기관 간의 역할 분담도 분명하지 않았다. 농촌체험휴양마을사업의 과감한 정책 도입과 실천이 먼저 이루어진 후 전문가의 자문, 역량 강화 프로그램의 운용, 그리고 성공 사례와 실패 사례를 통해서 정책을 개선해 나가는 방식이 당시의 현실이었다.

수미마을의 역량 강화

(사)물맑은양평농촌나드리의 지원 시스템

수미마을은 양평군 녹색농촌체험마을로 선정(2006)되고, 체험관을 건립(2007)하였으며, 2008년부터는 농촌체험마을을 운영했다. 프로그램을 무엇으로 할 것인지, 체험을 원하는 도시민(소비자)을 어떻게 모집해야 하는지, 경영을 어떻게 할 것인지에 대한 경험과 노하우가 전혀 없는 상황이었다.

이러한 상황에서 수미마을은 양평군의 체험마을 협의체인 '사단법인 물맑은양평농촌나드리(2005)'로부터 도움을 받았다.[9] 기본적으로는 양평농촌나드리가 체험객을 모집하고, 수미마을은 체험을 실제로 시행하는 방식으로 운영하였다. 당시에는 양평농촌나드리가 수미마을의 체험 프로그램 및 운영 전반에 대하여도 자문과 지원을 했었다. 이는 수미마을 체험사업 초기 정착 단계에 매우 유용했으며, 많은 도움이 되었다고 평가하고 있다.

양평농촌나드리는 체험객의 수송을 위한 버스 지원, 체험지도사 인건비 일부 지원, 체험객 모집 및 온라인 마케팅 시도 등의 방식으로 체험마을을 지원했다. 수미마을이 체험을 시작한 첫해인 2008년에 양평농촌나드리를 통해 850명의 체험객을 받을 수 있었다.

수미마을 사무장 임명

사무장 제도는 2000년대 초반 농촌마을종합개발사업의 시행 과정에서 만들어졌다. 농촌 인구 구조의 고령화, 새로운 농촌 개발 방식에 대한 이해 부족 및 지식 전수에 대한 어려움 등에 대한 논의를 거치면서 탄생하였다. 농촌 체험이라는 새로운 분야의 사업을 마을 단위에서 수행하는 과정에서 파생되는 각종 사무를 도와줄 수 있는 전문 인력 지원

---

9) 양평농촌나드리는 2000년대 초 부처별로 실시했던 농촌체험휴양마을사업과 관련이 있다. 당시 관련 마을로는 양수·실론마을(녹색농촌체험마을), 화전마을(농촌전통테마마을), 명달리(산촌마을), 연수리(슬로푸드) 등이 있었다. 이러한 새로운 유형의 사업들을 보다 효과적으로 추진하기 위한 연대와 협력의 필요성이 제기되었고, 농촌관광협의회가 2005년에 발족되었다. 2006년 2월에는 중간지원 조직이면서 컨트롤 타워 역할을 하는 '(사)물맑은양평농촌나드리'가 창립되었다.

수미마을 사무실에서 업무 중인 사무장과 직원들

이 매우 중요하다는 판단에 따른 결과다.

사무장 제도는 실제 사업 현장에서 많은 도움을 주었고, 유용성이 매우 높게 평가되고 있다. 농촌 고용 및 농촌 후계 인력 육성이라는 측면에서도 긍정적이었다. 특히, 농촌 마을의 역량 강화는 단기간의 교육을 통해서 쉽게 이루어지는 것이 아니기 때문에 농촌 마을의 역량이 부족할 경우 역량을 갖추고 있는 적임자를 직접 채용할 수 있도록 지원하는 것이 불가피하고, 또 훨씬 더 효과적이라는 생각을 하게 된 것이다.

수미마을도 사무장을 임명하였다. 2009년에는 초대 사무장에 무급으로 최성준을 임명하였으며, 2010년에는 무급에서 유급으로 전환하였다.[10] 수미마을 주민이 아닌 외지인을 사무장으로 채용했는데, 당시의 여타 농촌 마을에서는 잘 볼 수 없는 선택이었다. 수미마을 농촌체험휴

---

10) 최성준 사무장(2009~2014. 2) 이후 수미마을 사무국 상근직을 거쳐 간 사무장 또는 사무 간사로는 이창권, 김병민, 박선영, 황미경, 이동윤, 이재순, 노은정, 유종상, 이아란 등이 있다.

양마을사업 운영 조직의 개방성이 돋보이는 대목이다. 수미마을 사무장으로 초기에는 1인이 근무하였으나 업무량이 늘어나면서 평균 2명 정도 활동하고 있다.

사무장을 선택하는 과정에서 인연이나 지연이 아니라 농촌체험휴양마을에 대한 이해도가 높고, 사무 능력을 갖춘 젊은 청년을 선택할 수 있었다는 것이 오늘의 수미마을을 있게 하는 단초가 되었다고 보인다. 사무장 제도 시행 이전인 2009년에 850명이던 체험객이 사무장을 채용한 2010년에는 2천500명으로 늘어났다. 2010년 매출액 또한 체험 활동 활성화에 힘입어 5천800만 원으로 크게 늘어났다.

국내외 선진지 견학

농촌체험마을 주민 역량 강화 프로그램으로서 가장 간편하면서도 쉽게 접근할 수 있는 것이 국내 선진지 견학이다. 국내 선진지 견학은 선진지에 가서 해당 지역의 문제 해결 방법을 배운다는 점에서도 유용하지만, 견학하기 위해서 모인 사람들끼리 정보를 교환하고 친교를 나누는 것도 매우 중요했다. 또한 동종의 일에 근무하는 사람들의 인적 네트워크를 구축하는 데도 기여했다. 당시 수미마을 주민은, 2010년에는 전라남도 곡성 하늘나리마을, 2012년에는 전라북도 임실 치즈마을 및 안덕마을(2012)을 견학하였다. 그리고 2013년에는 파주 헤이리마을을 다녀왔다. 1년에 1회 정도 현장 견학할 수 있는 기회를 만들었다.

당시에는 해외 선진지 견학에 대한 정부 방침이 비교적 관대한 편이었다. 정부 예산으로 해외 선진지를 견학하는 프로그램을 한동안 허용해 주었다. 프랑스, 독일 등 유럽의 선진 농촌을 방문하는 프로그램도 있었지만 가장 흔한 것은 일본의 농촌을 견학하는 프로그램이었다. 농촌체험휴양마을 정책이 아직 초기 단계에 있었기 때문에 국내에서 농촌체험마을을 어떻게 할지에 대한 정확한 안내와 자문을 받을 수가 없었다. 해외 선진지 현장 방문을 통해서 체험마을사업의 이론과 실제를 확인하고자 하는 욕구가 강하게 작용했던 배경이다.

수미마을의 경우에도 2009년에는 경기도가 시행하는 우수 농업인 해외 연수 프로그램에 최성준 사무장이, 2013년에는 이헌기·정현옥·정금옥 등 마을 주민 3명이 해외 선진지 일본을 견학할 수 있는 기회를 가졌다.

역량 강화 교육

경기도 시행 교육 과정

경기도는 농림부가 시행하는 녹색농촌체험마을사업을 보다 효과적으로 시행하기 위하여 2004년에 전국에서 최초로 농촌관광팀을 발족하였다. 당시의 팀장[11]은 부처별로 시행되는 농촌 체험 관련 사업들을 도 단위에서 종합하여 시행할 필요성이 있었다고 한다.

농림부의 녹색농촌체험마을사업, 농촌진흥청의 농촌전통테마마을사업, 산림청의 산촌생태마을사업, 행안부의 아름마을사업, 슬로푸드사업 등은 성격이 비슷하면서도 종래의 사업과는 매우 다른 특성을 가지고 있었다. 소프트웨어적인 성격이 강하고, 주민들이 그 이전에 잘 경

---

11) 정지영 전 경기도의회 경기도농수산해양위원회 수석전문위원 인터뷰

험해 보지 못했던 사업이며, 서비스와 관련되어 있으면서 수익을 올려야 하는 것이었다. 그래서 경기도는 사업 대상지가 위원회를 통하여 결정되면 사업을 시작하기 전에 해당되는 마을을 순회 방문하여 체험관련 사업이 무엇인지, 어떻게 추진하는 것인지 등에 대하여 교육시키는 일을 타 기관보다는 빨리 시작하였다. 그리고 관련되는 국내외 선진지를 견학시키는 업무를 추진했다고 한다.

한국농어촌공사의 교육 과정

농촌체험마을 주민의 역량 강화 사업에 대한 근거는 도농교류촉진법에 두고 있다. 동법 제17조에서는 도농 교류를 활성화하기 위한 전문 인력의 양성, 농어촌체험지도사 및 마을해설가 과정을 개설할 수 있는 규정을 두고 있다.

농촌체험휴양마을 활성화를 위한 관계자 교육은 2006년부터 한국농어촌공사에서 많은 부분을 담당하였다. 한국농어촌공사는 농촌체험휴양마을의 교육을 전담할 '지역역량강화팀'을 발족하였다. 농촌 체험관 휴양 관계자 교육을 위해 농촌체험마을 사무장 교육(2009), 일반 농산어촌개발사업 담당자 교육(2010), 일반 농산어촌개발사업 사무장 교육(2011)을 초·중·고급의 3단계로 구분하여 시행하였다. 그리고 자격증 관련 교육 과정으로서 농어촌 퍼실리테이터 양성 과정(2011)이 만들어졌다. 2012년에는 농어촌 프로젝트 기획 과정이 도입되었다.

국내외 선진지 견학 프로그램이 발전하여 교육 차원의 농촌 주민의 역량 강화 교육 프로그램이 등장하게 되었다. 선진지 견학만으로는 해결할 수 없는 근본적인 농촌체험마을사업의 문제점과 해결에 관련된 보다 이론적이고 체계적인 농촌 역량 강화 교육의 필요성에 대한 수요를 반영하고 있다.

역량 강화 교육은 농촌 개발 참여 주체별로 사업 현장에서 부닥치는 문제를 해결하기 위한 관점에서 시행되었다. 그래서 교육 대상별로 교육 내용을 달리하면서 단계별로 접근하였다. 농촌체험휴양마을의 관련 참여 주체는 마을 리더, 사무장, 현장 활동가, 관련 공무원으로 나눌 수 있다. 이들 주체별로 요구되는 역할과 역량이 다르다는 전제하에 교육 내용이 설계되었고, 교육 과정이 만들어졌다.

마을 리더 교육에서는 주로 마을 이해, 마을 자원 활용, 마을 경영의 프로세스 및 마케팅, 마을의 장기 발전 구상 및 계획 기법에 대한 내용을 다루었다. 사무장 교육은 마을 경영 및 회계, 마을 체험 프로그램의 기획, 컴퓨터 활용 및 프레젠테이션 등 사무장이 담당해야 할 사무를 중심으로 구성되었다. 현장 활동가 교육은 주로 현장 포럼의 프로세스, 퍼실리테이션 이론과 기법 및 적용 등에 관한 내용을 대상으로 실시했다.

한국농어촌공사에서 담당하고 있었던 농촌체험휴양마을 교육 프로그램은 2013년에 변화가 있게 된다. 교육을 담당하던 조직인 지역역량 강화팀이 해체되었다. 그리고 2013년 이후의 교육은 경기농촌활성화지원센터(협성대학교)와 경기농어촌휴양마을협의회에서 주로 이루어졌다. 경기농촌활성화지원센터에서는 주로 신규 사업 대상지의 주민 리더 및 공무원 교육을 담당하였고,[12] 경기농어촌휴양마을협의회에서는

---

12) 2013년 농어촌공사가 담당하고 있었던 교육 기능이 민간으로 이양되면서 농식품부는 각 도별로 대학 내에 '농촌활성화지원센터'라는 기구를 설치했다. 대학이 농촌 발전을 위한 정부 프로그램과 특히 농촌마을사업에 직접 참여할 수 있게 된 것이다. 경기도 농촌활성화지원센터는 협성대학교 산학협력단 내에 설치되었다.

사무장 교육에 한정되었다. 현재 경기농어촌휴양마을협의회는 매년 사무장 교육, 주민들의 위생 및 안전 교육만을 시행하고 있다. 결과적으로 2014년 이후 농촌체험휴양마을 신규 대상 마을이 아닌, 이미 지정을 받아서 농촌 개발 프로그램을 운용하고 있는 농촌체험휴양마을 리더나 주민들에게는 거주지와 가까운 곳에서 역량 강화 교육을 받을 수 있는 기회가 없어진 것이나 다름이 없게 되었다.

기억되어야 할 것은 교육제도를 개편하면서 지방자치단체로 역량 강화 사업비를 이양하였으며, 농촌 개발과 관련된 사업을 추진할 때 사업비의 일정 비율을 역량 강화 사업비로 사용할 수 있도록 방도를 마련해 두었다는 점이다. 그러나 이러한 조치는 아직도 의도하는 성과를 거두지 못하고 있다고 생각된다. 지방으로 이양된 역량 강화 사업비는 효과적으로 사용되지 못하고 있고, 사업비의 일정 비율로서 마련되어 있는 역량 강화 사업비는 용역을 받는 용역 회사의 역량과 관련이 매우 높다는 면에서 이 또한 성공적으로 사용되지 못한다고 생각된다.

일부 교육 과정은 농림축산식품부 공무원 교육원으로 이관되었다. 농촌 개발과 관련된 교육을 개설하여 시행하고 있으며, 최근에는 사이버 교육을 통하여 농촌 관련 교육 및 역량 강화 교육을 무료로 시행하는 등의 시도를 하고 있는 것으로 보인다.

수미마을 리더와 주민의 교육 참여

수미마을이 본격적으로 역량 강화 교육을 받은 것은 농어촌공사가 농촌 교육 과정을 개설한 2010년부터다. 다음의 표 '수미마을 리더와 주민 교육 참여 건수'에서 보면 1990~2009년까지 교육 이수 건수는 6회로, 수미마을에서 농촌체험마을과 관련하여 최초로 이수한 교육은 이헌기 위원장의 2007년 녹색농촌체험지도자 과정이라고 볼 수 있다. 수미마을의 리더와 주민들이 역량 강화 교육을 활발하게 이수한 시기는 2010년 이후 2013년까지다. 농식품부와 농어촌공사가 농촌 주민을 대상으로 하는 역량 강화 교육 프로그램을 촘촘히 마련하였고, 다른 한편으로는 당시의 수미마을이 해마다 외적으로 빠른 성장을 보여 그에 따른 교육 수요가 증가한 데서 온 결과라고 보인다.

수미마을이 가장 활발하게 교육에 참여한 해는 2012년이다. 동년에 12회 교육이 있었다. 리더 교육이 10회, 주민 교육이 2회다. 수미마을이 농촌체험휴양마을로서의 외양과 내실을 갖추어 가는 과정에서 리더 교육이 우선된 것으로 생각된다. 수미마을에서는 주로 이헌기 위원장, 최성준 사무장, 김진술 마을 총무 등 3명이 집중적으로 참여하였다. 마을 주민 교육은 전체적으로 많지 않았다. 2012년과 2013년에 각각 2회의 교육이 있었다.

수미마을 리더와 주민 교육 참여 건수

	2009년 이전	2010년	2011년	2012년	2013년
리더 교육	6건	2건	4건	10건	1건
주민 교육	-	1건	-	2건	3건
해외 연수	-	1건	-	-	1건
계	6건	4건	4건	12건	5건

＊ 자료 : 수미마을 사무국

리더 교육은 주로 농어촌공사에서 시행하는 교육 과정이 많고, 주민 교육은 양평에서 시행하는 역량 강화 교육이 주를 이루고 있다. 이 결과

2012년 2013년에는 리더뿐만 아니라 많은 농촌 마을 주민들 역시 농촌 체험휴양마을을 어떻게 운영할지에 대한 지식을 습득할 수 있었다. 나아가서는 교육을 통해 관련 분야의 사람들을 만나고, 또 정책을 이해하고 안목을 넓힐 수 있는 기회를 가질 수 있었다.

교육 대상자 선발은 수미마을 체험 프로그램 운영에 참여하는 13가구를 구성원으로 하는 운영위원회에서 결정하였다. 운영위원회는 2007~2012년까지 한 주도 거르지 않고 매주 수요일에 개최하였다. 운영위원회 회의를 통해 모든 마을의 대소사를 토론하고, 민주적으로 의사를 결정하는 문화를 만들었다. 교육 대상자 선발도 이러한 과정을 거쳐서 이루어졌다. 교육 대상자 선발 내역을 보면, 초기에는 마을 리더 및 사무장이 주로 교육 대상자로 선정되었다.

수미마을 리더의 교육 참여

성 명	직책	교육 과정
이헌기	초대 위원장	농민 후계자 전문 교육 과정(1990), 문고 지도자(1994), 녹색농촌체험마을 지도자 과정(2007), 제1기 마을 지도자 기본 과정(2012), 제1기 글로벌 녹색환경 최고경영자 과정(2010), 농어촌 마을 리더 양성 과정 초·중·고급(2012)
최성준	당시 사무장	농촌체험마을 사무장 초·중·고급(2010~2012), 농어촌 퍼실리테이터(2011), 농어촌 프로젝트 기획 과정(2012), 농어촌 전문강사 양성 과정(2013), 농어촌 스토리 마케터 과정(2013)
김진술	당시 마을 총무	제1기 마을 지도자 기본 과정(2012), 농어촌 마을 리더 양성 과정 초·중·고급(2012)

* 자료 : 수미마을 사무국

그 후 교육의 유용성과 효과에 대해 긍정적으로 판단하고 마을 주민들에게까지 교육 기회를 확대하려 하였으나, 정부 정책의 변화에 따라 주민 교육은 지속적으로 이루어지지 못했다. 2013년, 농어촌공사의 교육 과정이 없어짐에 따라 2014년 이후 수미마을 주민들은 농촌체험휴양마을의 여건 변화와 경영 전반에 관한 교육을 받지 못했다고 해도 과언이 아니다. 단적으로, 수미마을 주민은 2014년 이후 2000년까지 농촌체험휴양마을 관련 교육 수혜의 공백 상태에 있다. 2000년대 초반의 교육을 통해서, 그리고 수미마을의 농촌체험휴양마을에 대한 나름대로의 축적된 경험과 노하우를 통해서 오늘까지 버티고 있다고 생각된다.

당시 몇 년 동안(2010~2013)의 수미마을의 리더와 주민들을 대상으로 한 집중적인 교육은 수미마을 발전에 큰 영향을 미쳤다. 특히, 당시 사무장이었던 최성준은 한국농어촌공사에서 개설한 전문강사 양성 과정, 농어촌 스토리마케터 과정, 사무장 초·중·고급 과정, 프로젝트 기획 과정, 농촌 퍼실리테이터 과정 등 다양한 교육 과정을 다수 이수하였다. 최성준 사무장은 교육의 효과를 매우 긍정적으로 평가하고 있다. 교육을 통하여 농촌체험마을 경영에서의 역할 인식, 경영 능력 함양, 서비스 마인드 함양, 공모 사업에 대한 정보 획득 및 사업 계획서 작성 등 많은 지식을 습득할 수 있었다고 한다.

최성준 사무장은 한국농어촌공사에서 개설한 농촌 퍼실리테이터 양성 교육을 통해 농촌 퍼실리테이터 자격증을 취득하였다. 자격증 취득 후 수미마을뿐만 아니라 경기도 타 시군 마을을 대상으로 퍼실리테이션을 빈번히 실시하였으며, '주민 참여를 통한 자원 찾기' 강사로도 활동하였다.

개인별 역량 강화

2014년 이후 역량 강화 교육의 공백 속에서 최성준 사무장은 정규 대학원 교육을 이수하였다. 체험 휴양 활동이 관광의 한 갈래라는 생각에 개인적으로 대학원 박사 과정에 입학하게 된다. 2018년에는 관광학 박사학위를 취득했다.

한국농어촌공사를 중심으로 개설되었던 농촌 개발과 관련된 각종 교육 과정이 재편되고, 많은 과정이 없어짐에 따라 개인적으로 필요에 의해 교육해야 하는 상황이 되었다. 여기에 더하여 체험마을이 당면한 과제가 고도화되고, 전문화되는 과정 속에서 관련 기관의 농촌 교육만으로는 부족하다고 여겨 스스로 필요한 지식을 습득, 전문성을 높여 가야 한다는 것을 절감하였다.

청년창업농 교육기관, 수미마을학교

수미마을, 교육기관 지정

2019년, 수미마을은 농림축산식품부 농림수산식품교육문화정보원으로부터 청년층의 안정적인 농업·농촌 정착 지원을 위한 실습 중심 장기 체류형 교육기관으로 지정받았다. 본 프로그램은 농촌 인구의 고령화에 대응하고, 농업 후계자의 육성이라는 차원에서 마련되었다. 전국적으로 11개 교육기관이 지정되었는데, 수미마을도 그중 하나가 되었다. 실습을 중심으로 하는 교육이기 때문에 교육기관도 매우 다양한 형태로 나타난다. 마을, 연구소, 사회 단체, 주식회사, 영농조합 등이 교육 주관 기관으로 등장하고 있다.[13] 교육 대상은 만 40세 미만의 귀농 희망 청년이다. 교육비는 국고에서 70%를 지원, 운영기관과 교육생이 각각 자부담으로 15%씩 부담한다. 교육 시간은 600시간 이상, 교육 기간은 6개월 내외로 할 수 있으나 교육기관 여건에 따라서 상이할 수 있다.

수미마을학교 교과 내용

농림축산식품부가 요구하는 교육 내용은 지역 탐색 및 농촌 이해, 품목 탐색 및 이론 교육, 실습, 영농 기술 및 마케팅 전략, 컨설팅 지원 등이다. 구체적인 교육 과목의 선정은 학교의 교육 여건과 방식에 따라서 다소 차별이 있을 수 있다.

청년이 농촌 마을에서 살아가기 위해서는 우선 농업이 새로운 매력적인 직업으로서의 의미를 가져야 하고, 나아가서는 농촌이 젊은 청년이 살기에 적합한 곳이어야 한다. 그래서 현재와 미래의 농업에 대한 비전 제시를 통해서 젊은 청년들이 농업을 선택하게 하고, 농촌에 사는 것이 도시에 사는 것에 비하여 오히려 삶의 질이라는 측면에서 보다 나은 선택임을 확신할 수 있어야 한다.

수미마을의 교육 내용은 기본적으로 농업과 관련된 것이 많은 부분을 차지하고 있다. 타 교육기관과 차이점이 있다면, 수미마을이 그동안

---

13) 농림수산식품교육문화정보원은 2019년에 전국적으로 11개의 청년귀농 장기 교육 운영기관(화천현장귀농학교, 수미마을, 흙살림연구소, 사단법인 전국귀농본부, ㈜두호, ㈜다나딸기농장, 남원 모던영농조합, 전국귀농귀촌학교, 임실 참생명협동조합, 바람햇살농장, 봉농원)을 지정하였다.

수미마을 청년귀농 장기교육 강의 및 수료식

축적한 경험을 전수하고자 하는 생각에 농촌 체험이나 농촌 융복합에 관한 실제 사례를 포함하여 가르치고 있다는 것이다. 나아가서는 젊은 청년들이 실제로 참여하여 농촌을 새로운 장소로 바꾸어 나가는 마을 만들기 사업 내용을 포함하고 있다.

수미마을학교는 2019년과 2020년에 청년들을 교육시키고, 2회에 걸쳐서 25명의 졸업생을 배출하였다. 총 강의는 600시간, 이 중 실습이 240시간 배정되어 있다.

수미마을학교의 의미

수미마을은 교육을 기획하고 시행하는 전문 교육기관이 아니다. 농촌체험휴양 관련 사업을 수행하는 농촌 마을이다. 마을의 역량 강화를 위한 교육이 필요하다면 해당 교육기관에 가서 관련된 교육을 받아 온 피교육 대상이었다. 그러한 농촌 마을이 농촌 교육을 시행하는 교육기관으로 지정받기에 이른 것이다.

이것은 무엇을 의미하는 것인가? 그동안의 교육은 전문 교육기관이나 공공기관에서 교육 프로그램을 만들어 전문가들이 교육시키는 것이 일반적이었다. 이번 청년 교육은 그런 틀에서 과감하게 벗어나고 있다. 기존의 공공기관에서 시행해 온 교육은 '실천성'이라는 측면에서 문제를 제기하고 있다. 기존 교육이 농업 농촌의 미래 설정과 실제의 한국적인 농업 경영을 배우는 데 한계가 있다는 것을 인식하고 있다. 나아가 농촌체험휴양마을사업을 성공적으로 수행해 온 수미마을을 실천적 농촌 교육 공간으로 인정하였음을 말해 주고 있다. 수미마을이 한국의 농촌체험휴양마을을 대표하는 마을임을 인식하고 있음을 엿보게 한다.

이렇게 성공한 마을에서 농업에 대한 이론과 실제를 배울 경우 훨씬 더 교육 효과가 크고 유용할 수 있다는 가정을 담고 있다. 교육의 주목표는 교육생이 향후 귀농, 또는 귀촌을 통하여 농촌에서 실제 농업을 영위할 수 있는 역량을 배양하는 것에 있다. 때문에 교육기관 지정을 고려할 때 농업 현장에 있어서의 실제 경험과 능력을 더 중요하게 생각했던 것으로 보인다.

한편으로는 수미마을이 과연 교육기관으로서 적정한지에 대하여 이론이 있을 수 있다. 수미마을 자체가 매우 우수한 교육 사례이자 실습장이라는 점은 인정되나, 그것이 곧 우수한 학교가 될 수 있는 충분조건은 아니다. 수미마을은 특히 이론적인 측면에서 농업과 농촌에 대하여 교육을 시킬 수 있는 자체 인적 자원이 충분하지 못하다. 이러한 한계를 극복하기 위해 수미마을은 외부의 전문가를 초빙하여 활용하고 있으며, 아울러 2019년 교육 전문 기관인 (사)한국농어촌아카데미와 협력 관계를 구축하고 있다.

수미마을 역량 강화 효과와 과제

역량 강화 효과

수미마을은 양평군, 경기도 및 농림축산식품부(한국농어촌공사)의 역량 강화 교육에 참여하려고 노력하였다. 뿐만 아니라 수미마을은 사무장을 능력 위주로 선발하려는 시도를 해 왔으며, 그 결과 마을 외부 인사가 사무장으로 채용되는 독특한 모습을 보여 주었다. 그리고 수미마을의 활동이 날로 커져 감에 따라 사무 기능을 담당할 수 있는 인력을 강화하고 늘리는 방향으로 노력해 왔다. 사무 기능을 표준화하고, 이를 담당할 수 있는 적절한 인력 배치, 사무를 체계적으로 수행할 수 있도록 마을 행정 개선을 위해 노력하고 있다.

나아가서는 선진화된 농촌체험마을에 대한 견학을 통하여 수미마을의 장단점을 드러낼 수 있게 하였고, 농촌체험마을의 시설 및 프로그램 운영에 대한 전반적인 지식 또한 함양할 수 있었다. 그리고 다양한 교육 프로그램에 참여하면서 중앙정부의 농촌체험휴양마을 정책 추진 방향과 변화에 대한 정보를 빨리 습득할 수도 있었다.

그 결과 농어촌체험휴양마을 심사 평가에서 전 부문 1등급을 처음으로 받은 2013년 이후 현재까지 으뜸촌의 위치를 유지하고 있다. 심사 기준에 대한 이해도가 매우 높고, 심사 및 평가를 어떻게 받아야 하는지를 교육을 통해서 잘 인지하고 있었다. 중요한 것은 심사 기준에 적합하도록 마을을 만들고, 심사 요구에 맞는 상태를 유지할 수 있는 역량을 가지고 있었기 때문에 가능했다.

2019년부터 수미마을은 청년창업농 교육을 실시하고 있다. 청년창업농 교육 실시를 위한 제안서를 농림수산식품교육문화정보원에 제출하고 공개 심사를 통하여 교육기관으로 선정되었다. 수미마을이 보여 준 그동안의 발전에 대한 사회적 평가의 결과이고, 나아가 미래 수미마을의 새로운 가능성을 보여 주는 하나의 시도이기도 하다.

수미마을 주민들이 농촌 체험 관련 교육을 타 교육기관으로부터 이

수하는 단계에서 벗어나 이제는 교육을 실제로 시키는 교육기관으로 성장하였다. 그동안 농촌체험마을로서의 수미마을의 성장이 정부기관으로부터 공인받았음은 물론이고, 교육을 시킬 만한 자격 또한 가지고 있음을 인정받았다는 것을 의미한다.

수미마을은 타 교육기관들과는 차별화된 교육 내용을 제공하고 있다. 타 기관들은 주로 농업 관련 내용에 대한 강의와 실습을 하고 있는 반면에, 수미마을은 여기에 더하여 농촌 체험 및 융복합 분야의 내용도 포함하고 있다. 수미마을 교육의 가장 큰 강점을 여기서 찾을 수 있다. 실제 생생한 경험 사례들을 교육 내용 속에 포함시켜 강의의 특성을 살리고 있다.

우리 사회가 수미마을이 걸어온 지난 10여 년의 농촌 체험 및 휴양 경험과 노하우를 가치 있는 지식으로 인정한다는 것이다. 그동안의 교육이 우리의 농업 현장과 동떨어지고, 나아가 외국의 경험이나 이론을 전달하는 형태가 많았다는 점을 반성하고 있다. 한국에서 가장 성공한 농촌 마을의 한국적인 경험이 교육 과정에 포함되고, 이러한 사례를 통해서 새로운 한국적인 농촌 발전의 이론이 만들어질 필요가 있음을 시사하고 있다.

수미마을과 MOU를 맺고 있는 학술 단체인 (사)한국농어촌아카데미의 역할이 크게 부각될 것으로 기대되고 있다.

역량 강화 과제

2013년에 농촌체험휴양마을에 대한 교육 시스템에 큰 변화가 있었다. 교육 과정이 일부는 민간으로, 일부는 농림축산식품부 공무원교육원으로 이양되었다. 또 다수의 농촌 개발과 관련된 교육 내용은 없어졌다. 2013년 이전에 비하여 농촌체험휴양마을과 관련된 교육을 집중적이고 체계적으로 받을 수 있는 기회가 없어지고 있다는 우려가 나오는이유가 여기에 있다. 최근 농업 후계자 육성을 위한 교육은 강조되고 있으나, 반면에 농업을 포함한 농촌 발전과 관련된 경제·사회 및 공간 전반에 관한 교육은 단발적이고 비체계화되었으며, 전문성이 약화되고 있다는 지적이 있다.

농촌 교육 시스템의 변화로 2014년 이후부터는 마을 리더 및 주민이 농촌 체험을 포함한 농촌 개발 관련 교육을 받을 수 있는 기회를 갖지못하고 있다. 교육 공백이라고 할 수 있으며, 농촌 체험 및 휴양 관련 재교육의 필요성이 제기된다.

그동안 농림축산식품부에서 주관하던 농촌 마을 관련 사업 및 역량강화 사업 등이 지방으로 이양되었으나 지방자치단체는 아직 농촌 리더, 주민이나 공무원의 역량 강화를 시킬 수 있는 기반을 갖추지 못하고있다. 중앙정부의 농촌 교육에 대한 정책적인 비중이 낮아지고 있는데, 그 역할을 이어 받아야 할 지방자치단체는 정작 농촌 개발 역량 강화 교육 기반을 확충하지 못하고 있다. 사업 현장에서 교육을 시키고 있는 용역 회사의 교육에 대한 전문성도 문제가 되는 경우가 있다.

농촌 교육은 중앙에서도, 지방에서도 제자리를 찾아가지 못하고 있다. 도농교류법 제17조는 "시도지사는 도농 교류를 활성화하기 위해서 농어촌 주민과 도시민에게 도농 교류 교육 프로그램을 개발하고 보급할수 있다."고 규정하고 있다. 현재 당면한 농촌체험휴양마을의 교육 문제를 해결하는 데 도움이 되는 조항이라고 생각된다.

수미마을은 농촌 교육 시스템이 위축된 2014년 이후 마을 역량 강화 문제에 어떻게 접근하고 있는가? 우선, 역량 강화를 위한 위원장의 개인적인 노력이 돋보인다. 최성준 위원장은 사무장으로 근무할 때 박사 과정에 입문하여 관련 분야 박사학위를 받았다.[14] 한편, 수미마을은 교육 기회 축소에서 오는 부족함을 보충하기 위해 2019년 농촌 교육 전문 기관인 (사)한국농어촌아카데미와 협력 관계를 맺고 있다. 한국농어촌아카데미는 농촌 개발 교육 전문가들이 결성한 사단법인이다. (사)한국농어촌아카데미는 수미마을과의 협력을 통하여 그동안 수미마을이 이룩한 성과를 분석하고, 미래의 새로운 비전을 열어가는 데 기여할 수 있을 것으로 생각된다. 한국의 가장 성공한 농촌체험휴양마을이라는 공간에서 전문가와 주민이 서로 토론하면서 배우는 상호 작용을 통해 한국 농촌 개발의 이론과 실제를 더한층 발전시킬 수 있는 새로운 모형이라고 생각된다.

이러한 시도들은 다른 마을에 범용적으로 적용할 수 있는 것이 아니다. 그동안의 역량 강화 정책에 대한 검토를 통해서 문제점을 파악하고, 현시점에서 필요로 하는 농촌 주민과 공무원의 역량 강화를 향후 어떻게 해야 될 것인가에 대한 정책적인 고민이 필요한 시점이 아닌가 한다. 특히 2013년 당시의 역량 강화 교육에 대한 검토가 필요하고, 왜 역량 강화 교육이 변화되었는지, 그리고 역량 강화 교육이 쇠퇴하기 시작하는 2014년 이후의 역량 강화 이슈는 무엇인지에 대한 분석이 필요하다.

---

14) 최성준, 「농촌관광 현장 체험이 가족 응집력에 미치는 영향」, 경기대학교대학원 박사학위 논문, 2018

마을의 성장 단계에 따라서, 시대의 변화에 따라서 해당 마을이 당면하는 과제도 변화하고 전문화될 것으로 생각된다. 역량 강화 방안 또한 거시적인 정책 방안과 동시에 맞춤형 정책 대안이 마련되어야 한다. 세미나, 또는 토론회를 통하여 관련 전문가들과 수미마을이 당면하고 있는 과제에 대하여 의견을 교환하고, 적절한 대안을 모색해야 한다. 필요하다면 농촌체험휴양마을의 미래 발전을 위해서 필수적으로 요구되는 교육 수요를 반영한 역량 강화 재교육 프로그램이 마련될 필요가 있다.

예비 사회적 기업의 경험

사회적 공동체 수미마을

원래 봉상 2리에는 마을사업의 주체로서의 '봉상 2리 수미마을'이 있었다. 초기의 사업 주체 수미마을은 임의 단체였다. 그 후에 법인격을 갖는 '영농조합법인 수미마을'로 변신하였다. 그리고 다시 영농조합법인 수미마을을 포함하는 '사회적 공동체 수미마을'이 만들어졌다. 현재 체험사업을 운영하는 주체는 '영농조합법인 수미마을'이다.[15] 사회적 공동체 수미마을은 비영리 사회단체로서 일반 시민단체와 성격면에서 유사하다. 법인격을 갖는 것은 아니지만 임의 단체로서 정관과 회원 가입서, 명부 등을 구비하고 있다.

사회적 공동체 수미마을이 영농조합법인 수미마을과 별도로 조직된 이유는, 마을에는 영농조합법인의 회원이 아닌 주민들도 있었기 때문이다. 영농조합법인 수미마을은 회원 자격 요건을 농업인으로 한정하고

---

15) 영농조합은 농업인들이 모여서 공익을 추구하는 협동조합과 같은 성격의 법인이다. (농업농촌기본법 참조)

있다. 그런데 마을에는 농업인이 아닌 주민도 있어서 이들을 모두 포함하는 조직이 필요했던 것이다. 그래서 사회적 공동체 수미마을은 영농조합 회원이 아닌 주민도 모두 포함하도록 설계되었다. 회원은 약 250명에 달한다. 회원 자격 규정을 보면 출자자는 정회원이 되고, 출자는 하지 않았으나 수미마을 사업에 참여하는 주민은 준회원, 그 외에 주민이나 이해관계자들은 명예회원으로서 자격을 갖도록 하였다.

마을사업은 특성상 토지를 소유한 주민, 경작하는 주민, 전문가 집단 등 다양한 이해관계자가 회원으로 어울려 같이 움직여야 사업 진행이 원만하게 이루어진다. 그렇지 않고 만일 농사일만 하는 원주민만으로 마을사업을 운영하게 되면 진행 과정에 많은 어려움이 따를 것임을 쉽게 짐작할 수 있다. 이러한 한계를 극복하기 위해 사회적 공동체 수미마을을 조직하게 되었다.

2011년, 사회적 공동체 수미마을에 기업 조직으로서 '영농조합법인 수미마을'을 두었다. 정관에 의하면, 목적에 찬동하는 모든 사람과 조직이 회원으로 가입할 수 있도록 정하였다. 회원 자격 범위를 사람과 조직으로 규정함으로써 회원의 참여 범위를 지리적으로 행정리로서의 봉상 2리를 넘어서게 되었다. 그리고 회원으로 가입 후 1년이 경과되면 정회원으로 가입 신청할 수 있으며, 각종 위원회에 참여할 수 있도록 하였다. 마을 주민이 아닌 자가 위원회의 위원장에 선출되기도 했다.

이와 같이 수미마을은 회원 자격을 마을로 범위를 제한하지 않고 지리적 경계를 허물었다. 때문에 수미마을의 회원 규모는 커지게 되었고, 회원이 마을 주민이냐 아니냐 하는 논란의 여지가 사라지게 되었다.

예비 사회적 기업으로 지정

수미마을은 2011년도에 경기도 예비 사회적 기업으로 지정되었다. 이는 체제면에서 수미마을이 도약하게 된 중요한 계기가 되었다.[16] 이 시기에 마을에는 일자리 분배를 놓고 주민 간에 갈등이 있었다. 이 같은 갈등은 주민들과 소사장들 간에도 있었지만 주민들 간에도 나타났다. 예를 들면 농장을 관리하는 주민은 다른 주민에 비해 일하는 시간이 많았다. 그래서 순번으로 일반적 업무에 참여하는 다른 주민에 비해 당연히 수입이 높았다. 소득 불균형은 관리직과 일반직 일자리 간에도 있었고, 일반직 가운데도 참여하는 시간의 다과에 따라 나타났다. 그리고 이러한 불균형 때문에 주민들 간에 불협화음이 제기되곤 했다.

소득 불균형에 따른 주민 불만은 주로 연말 결산 시에 제기되었다. 마을사업의 특성상 매출액 대비 관리직의 인건비 비중이 높게 나타난다. 하지만 주민들은 이러한 마을사업의 특성에 대한 이해가 부족하였다. 체험사업에 참여하지 않은 사람들 중에는 매출 대비 인건비 비중이 왜 그렇게 높은지에 대해 의아해했다. 그리고 참여하는 주민 중에서도 많은 시간 참여한 사람과 적게 참여한 사람, 그리고 관리직·일반직 사이에 발생하는 보수 차이에 대해 불만을 제기하였다. 결국 주민들 간에 큰

---

16) '사회적 기업'이란, 사회적 기업 육성법에 의하면 취약 계층에게 사회 서비스 또는 일자리를 제공하거나 지역사회에 공헌함으로써 지역 주민 삶의 질을 높이는 등 사회적 목적을 추구하면서 재화 및 서비스의 생산, 판매 등 영업 활동을 하는 기업으로서 고용노동부장관 인증을 받은 기업을 말한다. '예비 사회적 기업'이란, 아직 고용노동부의 사회적 기업으로 인증을 받기 이전의 조직으로, 부처·자치단체 등에 의하여 사회적 일자리 창출, 사회적 서비스 제공, 또는 지역사회에 공헌하는 조직으로 지정된 기업을 말한다.

갈등을 초래하는 결과를 낳았다.

결산 과정에서 이 같은 불만이 제기되는 것은 단식 부기로 회계 처리를 한 당시 상황에도 한 원인이 있었다. 단식 부기 회계 특성상 지출 내역에 대한 자세한 기록이 되어 있지 않았고, 그것이 오해의 소지가 된 측면도 있었다. 이러한 연유로 나중에는 회계 방식을 단식 부기에서 복식 부기로 전환하게 되었다.

2011년, 예비 사회적 기업 지정은 앞에서 본 바와 같은 인건비 분배 문제를 놓고 벌어지는 대립과 이에 따른 갈등들을 해소하는 데 중요한 해결책이 되었다. 예비 사회적 기업은 지역 일자리 창출형, 사회 서비스 창출형, 지역사회 공헌형 등으로 구분하여 지정하였다. 수미마을은 이 가운데 지역 일자리 창출과 사회 서비스 창출을 동시에 추구하는 혼합형으로 신청하였다. 수미마을이 예비 사회적 기업 지정을 신청한 주된 동기는 인건비 지원을 받을 수 있기 때문이었다. 당시에는 경기도에 예비 사회적 기업이 별로 없었다. 때문에 혜택도 커서 예비 사회적 기업으로 지정받으면 15명의 인건비 지원을 받을 수 있었다. 15명 가운데 1명은 주 40시간 근로자로 충원할 수 있었고, 나머지는 농사를 지어야 했다. 농업 활동에 종사하는 인부들은 주당 3일 근무하는 조건으로 채용하였다. 예비 사회적 기업 지정으로 늘어난 일자리 덕분에 주민들의 농외 소득이 상당히 높아지게 되었고, 그 결과 주민들의 불만도 상당 부분 해소되었다.

다음 해에는 경기도 방침이 바뀌어 인건비 지원 규모가 크게 줄게 된다. 당초 15명에서 8명으로 대폭 감소되었다. 그리고 3년째에는 지원이 완전히 중단되었다. 경기도 예비 사회적 기업으로 지정되면 사업

수미마을 예비 사회적 기업 지정서

은 3년간 인정되지만, 인건비 지원은 2년간만 이루어지도록 규정되어 있었다.

인건비 지원을 계속 받기 위해서는 다시 고용노동부의 사회적 기업 인증이 필요했다. 그러나 고용노동부 인증 요건을 충족하기 어려워 실패했다. 인증을 받기 위해서는 만들어진 일자리가 안정적으로 유지되어야 하는데, 농촌 특성상 그렇게 할 수 없는 한계가 있었다. 농사일이라는 것이 단기 일용직의 입사와 퇴사가 반복될 수밖에 없다. 이러한 농촌 고용의 특성이 질 좋은 일자리 창출이 아니라는 이유로 인증이 배척되는 요인으로 작용했다. 결과적으로 수미마을은 고용노동부 사회적 기업 인증 심사에서 탈락하게 되었다. 사실 신청 서류를 다소 편법적으로 왜곡하면 인증 조건에 맞출 수도 있었다. 그러나 그렇게까지 하면서 인증을 받는다는 것은 사회적 공동체의 기본 정신에 배치된다는 생각 때문에 포기하게 되었다. 비록 심사에는 탈락했지만, 인증 준비 과정을 통해 수미마을을 '기업'이라는 관점에서 제도적으로 재정비하는 기회가 되었다. 결과적으로 당시의 이런 경험은 이후 수미마을이 도약하는 데 매우 중요한 계기가 되었다.

지정 종료 이후, 위기와 도약

2014년에 이르러 수미마을은 경기도의 예비 사회적 기업 지정 기간이 종료되었고, 고용노동부의 사회적 기업 인증에도 실패함에 따라 정부로부터 더 이상 인건비 지원을 받을 수 없게 되었다. 또한 2014년에는 세월호 참사 발생으로 체험객이 크게 감소하여 위기를 가중시켰다.

최성준 위원장은 이 같은 위기 국면에 직면하여 보다 공격적인 경영 전략을 구사하게 된다. 메기수염축제를 기획하고, 적극적으로 홍보해 나갔다. 그랬더니 매출이 1.5배 이상 증가하고, 순이익이 큰 폭으로 늘었다. 이 같은 기대 이상의 성과에 고무되어 이때부터 체험 방식의 다양화를 시도하였다. 우선, 이전까지 체험만을 사전 예약으로 유치하던 방식에서 탈피하여 현장에서 체험객이 상품을 직접 구매할 수도 있도록 하는 등 체험 방식을 다양화하였다. 즉 프로그램의 운영 체계를 다양화하게 되었는데, 이러한 시도가 주효하여 매출이 급증하게 되었다.

이렇게 수미마을은 메기수염축제 성공으로 이전까지 봄, 가을 중심의 체험학습으로 운영되던 한계에서 벗어날 수 있게 되었다. 메기수염

수미마을의 겨울 빙어축제

축제로 비수기인 여름에도 체험 활동이 활성화된 것은 농촌 마을사업에서 획기적인 사건이다. 원래 여름에는 많은 사람들이 주로 강원도로 피서를 가기 때문에 이 시기에는 농촌체험사업이 어렵다는 인식이 지배적이었다. 그런데 수미마을이 비수기인 여름에 메기수염축제를 기획하여 크게 성공함으로써 프로그램을 잘만 기획하면 계절에 상관없이 농촌체험사업이 이루어질 수 있다는 가능성을 보여 주었다. 이런 점에서 메기수염축제의 성공은 농촌 마을의 체험사업 발전사에서 매우 중요한 의미를 갖는다.

수미마을은 메기수염 여름 축제가 활성화된 것에 고무되어 이번에는 겨울 축제로서 빙어축제를 기획하여 시도했는데, 이것 역시 대성공을 거두게 되었다. 그리하여 수미마을은 이때부터 봄, 여름, 가을에 이어 겨울 축제까지 활성화됨으로써 드디어 사계절 축제가 완성되었다.

이 같은 성과로 수미마을은 '365일 축제', '사계절 축제'가 하나의 테마가 되는 농촌체험마을이라는 인식이 전국적으로 확산되었다. 회고해 보면 당시 고용노동부의 사회적 인증 기업에서 탈락한 것이 위기가 아니라 오히려 도약의 기회가 되었다. 그 과정에서 최성준 위원장의 아이디어와 리더십이 크게 돋보였다. 이상과 같이 수미마을은 예비 사회적 기업 지정이 종료된 후 기대 이상의 성과를 거두게 되었다.

수미마을은 2013년에 경기도 예비 사회적 기업으로 지정받은 것이 오히려 공적이 되어 '대한민국 농촌마을 대상 대통령상'을 받았다. 사회적 기업으로서의 활동 내용이 공적에 포함돼 중요한 수상 요인 중 하나로 작용했다. 수미마을은 대한민국 농촌마을 대상 수상에 힘입어 경기도에서 하는 여러 가지 시범 사업 대상 마을이 되었다. 당시 경기도 시범 사업은 양평군에 신청하면 군이 응모하여 확정되는 방식이었다. 수미마을은 이러한 경기도 시범 사업을 통하여 현재의 돔 하우스, 가공 공장, 시골 동네 집하장 등을 갖출 수 있었다.

경기도의 '넥스트 경기 오디션' 사업의 경우에도 수미마을은 양평군에 신청하였고, 군이 경기도에 응모하여 80억 원을 받게 되었다. 이 공모에서 수미마을은 민간 협력 부문에 포함되어 농촌사업을 담당하는 역할을 맡았다. 여기서 수미마을은 산촌치유센터를 건립하는 것과 산림을 이용해서 산약초를 재배하고 이를 민간 협력으로 하겠다는 프로그램을 제안하였다. 이 사업을 통해 현재의 사무실 건물과 주차장이 만들어졌다. 원래 해당 토지는 양평군 소유였는데, 양평군 사업을 시행한다는 명분으로 공유지 관련법에 근거하여 필요한 토지를 수미마을이 임대 받아 사용하고 있다.

또한 정책 사업의 하나인 체재형 작은 텃밭 사업으로 20개의 체재동

수미마을 방문객 센터

이 만들어졌고, 이 텃밭 딸린 체재동은 1년 단위로 임대한다. 이 사업의 명칭은 후에 '양평살이'로 바뀌었다. 양평살이는 양평에서 한번 살아보고 여기에 정착하자는 의미를 담아 지어진 이름이다.

이외에도 양평군은 지역 만들기 사업을 자체적으로 만들어서 하게 되었는데, 수미마을은 2013년에 이 사업에서 최우수상을 수상하게 되었다. 지역 만들기 사업에서 수미마을은 지역 주민들과 눈을 이용한 체험 프로그램을 만들어 일자리를 창출하겠다는 프로그램을 발표하였다. 수미마을은 이 사업에 참가하여 군으로부터 제설기를 지원받고 눈썰매장을 만들게 된다. 이것이 계기가 되어 눈이 오지 않고, 얼음이 얼지 않는 겨울에도 겨울 축제가 가능하게 되었다.

이와 같이 수미마을은 경기도의 여러 시범 사업을 2~3년이라는 짧은 기간에 유치했다. 그러다 보니 한때는 너무 많은 정부 사업이 수미마을로 들어갔다는 부정적 인식이 지역에 퍼지기도 하였다. 그러나 당시의 사업들은 자부담을 제외하면 지원 금액이 그렇게 큰 것은 아니었다.

4
수미마을의 경영 혁신

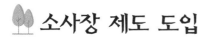

소사장 제도 도입

소사장제 도입 배경

수미마을이 소사장 제도를 도입한 것은 2010년이었다. 이 제도의 도입으로 다른 마을과 차별화되는 농촌 체험 프로그램을 운영하게 되면서 수미마을은 도약의 전기를 맞게 되었다.[17]

수미마을이 소사장 제도를 도입한 계기는 최성준 위원장이 석사 논문을 쓰는 과정에서 한 공무원으로부터 이야기를 듣게 되면서부터다. 최 위원장은 2008년도 2월경, '농촌체험마을개발사업의 성공 요인 도출에 관한 연구-경기도 양평군 사례를 중심으로'라는 주제로 석사 논문

---

17) '소사장 제도'란, 원래 민간기업이 규모를 줄이기 위하여 특정 부서나 생산 라인의 일부를 분리 독립시켜 생산 및 경영 일체를 종업원들이 경영하도록 하고, 모기업은 생산 설비의 임대, 원자재 공급, 제품의 판매, 그리고 세무, 회계, 기타 관공서 업무 등을 대행해 줌으로써 소사장은 생산에만 전념하도록 하는 경영 방식을 말한다. 소사장 제도가 우리나라에 도입된 것은 IMF 경제 위기 이후다. 당시에 일부 민간기업이 경영 위기 극복을 위해 이 제도를 채택하기 시작했다. 소사장 제도는 그 후 일반적인 경영 형태로 정착되지는 않았다. 그러므로 이 제도는 기업 경영에서 실험적인 모형의 성격을 지닌 것이었다.

을 쓰고 있었다. 최 위원장은 논문 작성과 관련하여 양평군청의 한 공무원[18]과 인터뷰를 하였다. 그 과정에서 경기도 어느 마을에서는 소사장 제도를 도입했다더라는 이야기를 듣게 된다. 그 후 최 위원장은 '소사장'이란 제도가 무엇인지 개념을 생각해 보게 되었고, 이 제도를 수미마을에도 적용해 보면 어떨까 하는 생각을 하게 되었다. 그러나 소사장 제도를 농촌 영농법인인 수미마을에 실제로 적용하기란 쉬운 일이 아니었다. 수미마을은 영농법인이므로 공동으로 생산하고 분배해야 한다는 기존의 고정 개념이 박혀 있어서 이로부터 벗어나기가 쉽지 않았기 때문이다.

체험 활동을 전개하다 보니 마음에 맞는 사람끼리 사업단을 만들어 운영하려는 농가들도 있었고, 또 개별 농가들이 직접 생산하고 운영해서 수익 나누기를 선호하는 농가도 있었다. 다시 말하면 수미마을은 성격상 원래 공동으로 체험 활동을 운영하였지만 조합원 중에는 독자적으로 창업을 원하는 사람도 있었다. 이들은 자기 집에서 자신의 아이디어를 가지고 직접 체험 활동을 주도하기를 원했다. 그래서 최 위원장은 이 같은 농가를 공동 운영과 구분할 수 있는 운영 체계상의 일부 변화가 필요함을 느끼게 되었다.

최 위원장은 이와 같이 농가들이 직접 주도하는 체험 활동을 수미마을 체험 활동의 한 프로그램으로 포함하여 이들 농가를 수미마을의 거래처로 만들 생각을 하였고, 이러한 농가를 어느 공무원으로부터 들은 바 있는 '소사장'이라고 부르기로 하였다.

수미마을의 소사장 제도는 수미마을 공동체 내에서 표출된 구성원들

---

18) 인터뷰를 해 주신 분은 안재동 씨로, 당시 양평군청 팀장이었다.

의 다양한 선호를 포괄하기 위한 의도에서 출발하였다. 이렇게 도입된 수미마을의 소사장 제도는 기본 개념면에서 일반 기업 경영의 소사장 제도와 크게 다르지 않았다.

일부 농가가 소사장으로

수미마을 농가 중에는 1차 생산인 농사 활동은 물론이고, 2차 가공 생산 활동 등 여러 형태가 있었다. 생산 활동의 유형에 관계없이 자격이 되면 모두 소사장이 될 수 있게 기회를 주었다. 소사장 가운데는 조합원도 있었고, 또는 계약을 맺어 참가한 인근의 농가들도 있었다. 나중에는 모두 계약제로 확대하여 참가 자격에 제한을 두지 않았다.

소사장 제도 도입 초기에 조합원 중 딸기 농장과 찐빵 농가가 자체 프로그램을 개발하여 체험 프로그램에 먼저 참여하였다. 두 농가는 자체적으로 프로그램을 개발했기 때문에 공동 생산할 때와 같은 방식으로 인건비를 분배할 수 없었다. 그래서 수미마을은 이들 농가와 체험 활동을 연계할 때는 프로그램 가격에 수수료를 부과하여 수익을 분배하는 방식이 필요하게 되었다. 이러한 부분이 소사장 제도 도입으로 새롭게 해결해야 할 문제였다.

수미마을 제1호 소사장은 수미찐빵이다. 수미찐빵 소사장은 최동분 씨로, 2009~2010년도경에 수미마을 총무를 맡고 있었다. 이것이 제1호 소사장이 되는 동기로 작용했던 것 같다. 최동분 씨는 당시 마을 총무로 활동하면서 수미마을 체험 프로그램에서 본인 스스로 무엇을 할 수 있

수미마을 찐빵 체험

수미마을 딸기 체험

수미마을 고구마 체험

지 않을까 고민하였다. 그러다가 찐빵 만드는 스님과의 인연으로 스님에게서 찐빵 만드는 기술을 전수받게 된다. 이것이 동기가 되어 이를 체험 프로그램으로 개발, 자기 집에서 가족 중심으로 찐빵 체험 프로그램을 해 보고 싶어 했다. 수미찐빵은 옛날식 찐빵이다. 수미찐빵은 다른 가게에 비해 양을 넉넉히 주었다. 그리고 옛날 맛이라는 점 때문에 어른들과 가족 단위 체험객이 매우 좋아했다.

2011년도경에는 최 위원장이 최동분 씨에게 딸기 맛 찐빵으로 개량해 볼 것을 제안한 바 있다. 최동분 씨는 이 제안을 흔쾌히 받아들여 딸기 찐빵을 만들었다. 이렇게 최 위원장의 아이디어로 탄생한 찐빵은 매우 인기 있는 프로그램이 되었다. 당시에 최 위원장은 "딸기 찐빵이 잘 되면 다 내 덕인 줄 알고 기억해 주세요."라는 농담을 하곤 했다고 한다.

그 후 최동분 씨는 다시 오디 찐빵, 고구마 찐빵, 단호박 찐빵, 그리고 불고기 찐빵까지 제품의 다양화를 시도하여 성공적인 소사장으로 정착하였다.

수미찐빵 이후 점차적으로 다른 체험 프로그램의 소사장들이 진입하게 되었다. 그런데 수미찐빵을 비롯한 초기의 소사장들의 수익이 줄어드는 이른바 '이익 분산' 효과가 나타났다. 고객들이 선택할 상품이 다양해지면서 나타나는 경쟁의 당연한 결과였다. 그 후 수미찐빵은 가공 프로그램으로 변화를 시도하기도 하였다.

소사장 2호는 딸기 농장이다. 그 후로 사륜 오토바이인 네 바퀴 체험장, 아이스크림과 BM카페, 피자 만들기 체험 '내 어머니의 정원', 향초와 방향제, 모종 심어 가기, 장수풍뎅이 등 체험하는 패밀리 팜 그리고 조형물 등이 참여하였다. 이후 시즌이 바뀜에 따라 카누 등이 추가되었다.

소사장, 주민 간의 갈등과 극복

소사장은 한 가지 품목으로 꾸준히 변신한 곳이 비교적 성공적이었다. 정착하기까지 대체로 2~3년 정도 시간이 걸리는데, 그러기 전에 품목을 자주 바꾼 농가는 수익이 안정적이지 못하여 어려움을 겪었다.

수미찐빵, 딸기 농장 등 몇 개의 소사장은 상당한 수익을 올렸다. 그러다 보니 소득 불평등으로 마을 주민 간에 불만이 표출되기도 하였다. '찐빵과 딸기가 돈을 다 벌어간다'는 등 소사장에 대한 불만이 제기되었다. 이로 인해 한때 소사장들이 상처를 받기도 했다. 소득 불평등과 관련하여 이 같은 주민들의 시기와 질투는 어느 마을에서나 나타나는 일반적 갈등 현상이다. 이를 어떻게 잘 해소시키느냐는 것이 마을 공동체 운영의 성패를 좌우하는 중요한 요인이다.

최 위원장은 이 같은 갈등을 해결하기 위해 주민들과 대화를 지속했다. 특히 소사장의 수익이 어떻게 달성되었는지 그 내역을 주민들에게 합리적으로 공개했다. 즉, 소사장 소득은 사업의 규모가 크고 작음에 따라 크기가 달라진다는 점, 또 소득의 차이는 체험객 선택의 결과라는 점을 인식시켜 나갔다. 그리고 만약 소사장의 프로그램을 수미마을에서 직접 운영했을 때는 인건비 등 비용이 오히려 더 들어간다는 점을 원가 분석하여 설명해 주면서 주민들을 꾸준히 설득하였다.

또한 주민들의 소득 분배에 대한 기존의 인식을 정태적 시각에서 동태적 시각으로 전환시키기 위해 노력하였다. 다시 말해 한 농가의 소득이 높다고 해서 시기할 것이 아니라 모든 주민의 소득을 함께 높이는 방향으로 노력해야 한다는 점을 강조하였다. 예컨대 매년 1억 이상의 소득 농가 수를 현재 1개에서 내년에 3개, 후년에 5개 등으로 확대하도록 목표를 세우고 노력하는 것이 바람직한 것이지 전체 1억의 수익을 가지고 여러 개의 농가가 나누면 모두가 어려워진다는 점을 주민들에게 인지시켰 나갔다. 그 결과 주민들의 불만이 점차 해소되었다. 이 같은 설득과 소통은, 과거에는 수시로 이루어졌으나 지금은 주로 운영위원회 회의 등을 통해 이루어지고 있다.

이상과 같이 소사장 제도로 인한 주민 간 갈등은 주민과의 대화를 통한 소통으로 주민들의 인식이 변화하도록 유도함으로써 점차 해결되었다. 그 과정에서 마을에 갈등이 발생할 경우에는 주민들에게 논리를 잘 세워서 투명하게 설명해 주는 것이 무엇보다 문제 해결의 첩경이라는 점을 경험적으로 확인할 수 있었다.

이 같은 설득과 더불어 제도적으로는 소사장을 확대하였다. 그리하여 누구든지 소사장을 할 수 있게 진입 장벽을 낮추었다. 모든 농가에게 공평하게 기회가 주어짐에 따라 주민들의 불만과 갈등도 점차적으로 해소되었다.

소사장 운영 체계 확립

소사장 가운데는 자기 농가 소유의 공간과 시설에서 체험 프로그램을 진행하는 경우도 있었고, 자기 농가 소유의 공간과 시설이 없을 경우에는 수미마을의 공간과 시설을 이용하는 경우도 있었다. 그리고 소사장 가운데는 지역 내부 업체가 있는가 하면, 외부에서 업체가 들어와서 하는 형태도 있었다. 또한 프로그램의 성격상 시즌별로 운영하는 업체도 있었지만 상시 운영하는 업체도 있었다. 이렇게 소사장 제도의 운영 방식과 형태는 다양했다. 그러므로 소사장 제도는 연간 운영 계획과 이에 따른 시즌별 운영 계획을 수립하여 체계적으로 운영하였다.

소사장은, 초기에는 구두상이나 문자 등으로 공지하여 선발하기도 하였으나, 그 후에는 분쟁의 소지 때문에 신청 받고 계약을 맺어서 선발하게 되었다. 계약 시에는 분쟁의 소지를 없애기 위해 자필 서명하게 하였다.

소사장으로 선발되면 수미마을 사무국에서는 회계, 세무 등의 업무를 지원했다. 그 외에 상품 기획, 마케팅, 시설 이용, 전기 및 통신 시설, 물, 화장실, 체험 도구, 주차장, 환경 정비 등 다양한 서비스를 지원했다. 이상과 같은 지원 내용은 농장에 따라 차이가 있어서 농장별로 별도로 정리했다. 그리고 이 내용은 수수료 책정 시 소사장들과 상담할 때 유용하게 활용되었다.

소사장과 계약 시에는 수수료 책정이 가장 중요한 이슈가 된다. 업체의 수수료는 상품 가격의 일부로 반영된다. 처음에는 업체별로 차등을 주지 않고 일률적으로 부과하였다. 그러나 일반 관리비를 수미마을에서 부담하는 경우와 그렇지 않고 업체에서 자체적으로 부담하는 경우도 있어서 수수료율을 가격에 일률적으로 반영하는 것은 공평성에 반하는 문제가 있었다. 그래서 그 후 업체별로 일일이 합당한 수수료율을 산정하여 가격을 책정하게 되었다.

예컨대, 마케팅 채널마다 수수료가 다르므로 업체가 홍보를 강화할 경우 어느 선에서 상품 가격을 정할 수 있는지 업체별로 따로 계약하였다. 그런데도 결과적으로 비용 가운데는 가격에 포함되지 않은 부분이 있었다. 이 경우는 원가를 다시 분석하고 수수료를 포함하여 다시 가격을 책정하였다. 일반적으로 농가는 원가를 세분하여 분석하지 않고 인건비, 원료비 등만을 고려하여 대충 가격을 책정하는 경향이 있었다. 통상적으로 농가들은 농산물 시세를 감안하여 가격을 책정했는데, 그 가운데는 전기료 등 일반 관리 비용 등이 포함되지 않은 경우가 많았다. 따라서 상품 홍보에도 어려움이 있었다. 그러다 보니 농가들이 정부 지원 예산에 의존하여 사업을 하다가 예산이 바닥나면 상품 가격을 높여야 되기 때문에 고객들에게 외면받는 경향이 있었다. 이러한 문제를 해결하기 위해 원가 계산서를 작성하고, 이에 기초하여 합리적으로 가격을 책정하는 방식으로 전환하였다.

수수료 책정과 관련해 업체들이 불만을 토로하는 경우가 더러 있었다. 이러한 불만은 대화를 통해 대부분 해소하였다. 설명 방식은 업체들에게 주차장 등 일반 관리비를 본인들이 직접 부담할 때 들어가는 비용과 부담하는 수수료를 비교해 보게 하는 것이었다. 그랬더니 모든 소사장들이 수수료가 합리적으로 책정되었다는 점에 동의하게 되었다.

그리고 이 같은 설득과 더불어 소사장들에게 카드 단말기를 모두 설치하도록 하였다. 수미마을의 체험 활동 가운데 사전 예약은 사무실에서 받고 수수료를 부과하였다. 이 외에 체험객이 당일 현장에서 체험하고 직접 결제하는 경우도 있었다. 이때는 업체들이 단말기를 통하여 개별적으로 수입으로 처리한 후 결제 금액의 일정 부분을 자발적으로 소사장 밴드에 올리는 방식으로 '행복기금'을 마련하도록 하였다. 이 같은 방식은 농가들의 자금 회전을 빠르게 하는 데 크게 도움이 되었다. 또한 농가들이 수입과 지출을 자립적으로 관리할 수 있는 능력을 고양시키는 데도 도움이 되었다. 결과적으로 이는 소사장 농가의 경쟁력을 향상시키려는 마을사업의 목적에도 기여하였다.

'행복기금'은 마을 주민의 행복한 미래를 준비할 목적으로 사용하도록 정관에 명시되었다. 이 행복기금은 수미마을의 창립기념일에 하는 축제인 '다 함께 행복한 날' 행사에 사용되고, 또 소사장 농가들이 고령화되어 체험 활동에 참여하기 어려울 때를 대비하기 위한 용도로 설계되었다. 또한 마을 주민과 함께할 수 있는 사업들에 대한 재원으로 사용하기 위한 목적도 있다. 기금 적립은 그 준비 과정을 마을 사람들에게 충분히 설명하였으며, 동의를 받아서 추진하였다. 행복기금 적립으로 주민들은 '소사장 제도가 활성화되어 체험객이 늘어나면 기금이 늘어나게 되어 주민들에게 환원될 수 있겠구나.' 하는 생각을 하게 되었다. 따라서 체험객이 늘어나 소사장의 소득이 늘어났더라도 주민들의 시기나 질투가 사라지는 부수적 효과도 동시에 얻을 수 있었다.

소사장 제도의 성과

소사장 제도 도입 후, 수미마을은 한 단계 더 도약하는 계기를 맞게 되었다. 소사장제 도입의 사회·경제적 효과는 다양하다.

고용면에서는 가족 노동 투입의 증가 이외에 마을이나 지역 주민에게 일자리 제공과 아르바이트 인력의 고용 등이 늘어났고, 또한 체험 활동 증가로 인하여 이들을 관리해야 할 관리인 등 2차적인 고용 창출 효과가 나타났다.

마을 주민의 소득 역시 전체적으로 보면 상당 수준 증가하였다. 그러나 소사장 수의 증가에 따라 업체 간 경쟁이 이루어지면서 큰 초과 이익을 얻던 선발 업체의 경우는 이익이 감소하는 경향도 나타났다. 업체 가운데 일부는 경쟁에서 탈락하기도 했다. 사무국에서는 이 같이 이익 감소로 탈락 위기에 처한 업체에게는 새로운 품목으로 전환을 유도하기 위한 컨설팅을 해 주었다.

또, 농가들의 자립심이 향상되고 전문성이 강화되는 효과도 나타났다. 체험 활동 가운데 식당, 공동 경작, 빙어 낚시 그리고 물과 관련된 체험 프로그램 등은 공동 작업으로 진행되었다. 공동 사업의 경우는 주로 주민들이 참여하고, 인건비가 지급되었다. 그러나 공동 작업에서는 인센티브가 부족하여 열심히 하는 사람과 그렇지 않은 사람 사이에 항상 갈등이 발생하였다.

공동 운영이 비효율적이지만 이 방식을 어느 정도 유지해야 하는 것은 수미마을의 성격이 원래 이 같은 목적을 가지고 출발하였기 때문이다. 공동 운영은 어떻게 보면 재무적으로는 타당성이 없지만 사회·경제적 목적 달성을 위해 필요했다. 이런 이유 때문에 현재도 수미마을 사업의 핵심적 부분은 대부분 공동 생산 영역이다. 현재 고령화에 따라 이 부분은 점차 감소하는 경향에 있다. 젊은이들이 창업을 원할 경우는 공동 운영 영역을 소사장으로 전환해 주고 있는 실정이다.

인구 변화와 이에 따른 주민의 요구를 반영하여 수미마을의 체제가 조금씩 변화하고 있다. 그 결과로 공동 생산 부분은 줄어들 것으로 예상되지만, 수미마을 전체적으로 보면 생산량이 증가하게 되어 마을의 번영은 증가할 것으로 기대하고 있다.

종합해 보면 수미마을은 공동 생산을 기본으로 하는 영농법인이었다. 그러나 일부 농가들은 독립 채산으로 사적인 이익을 추구하기를 원하였다. 수미마을은 이 같은 성격의 농가를 '소사장'이라고 하여 운영 체제상의 변화를 도모하였다. 다시 말해 소사장 농가는 공동체 안의 작은 기업에 해당한다. 그러므로 영농법인 수미마을은 전체로는 공익을 추구하는 조직이지만 그 구성에서는 사적 이익을 동시에 추구하는 소사장 농가를 하위 단위로 둔 조직으로 변화를 도모하였다.

원래 소사장 제도는 IMF 경제 위기 이후에 일부 민간기업에서 부분적으로 도입했지만 일반화된 것은 아니다. 어쩌면 이 제도는 실험적인 성격의 경영 모델이었다. 이와 같이 실험적인 요소가 다분히 있는 소사장 제도를 민간기업이 아닌 수미마을이 도입하기로 한 결정은 대단한 용단이었다. 당시로서는 공익을 목적으로 하는 수미마을에 영리 기업을 대상으로 개발된 모델을 적용한다는 것은 혁신에 가까운 모험이었을 것이다.

결과적으로 보면, 수미마을은 필수적인 부분은 공동 생산을 유지하면서 한편으로는 소사장 제도를 통하여 생산성 향상을 도모함으로써 풍요로운 이상향의 마을 공동체를 지향하고 있다.

자체 예약 시스템 개발

자체 예약 시스템 개발 배경

수미마을이 자체 예약 시스템을 개발하기 이전에는 양평농촌나드리 예약 시스템을 이용하고 있었다. 양평농촌나드리는 여러 마을 대표들이 이사로 구성된 일종의 사단법인으로, 양평 마을의 연합 조직과 같은 성격을 가진 단체다.

양평농촌나드리 예약 시스템은 2010년도에 양평군에서 지원하여 개발되었고, 그 후에 수미마을은 이 예약 시스템에 링크하여 까페를 만들고, 예약을 받았다. 그런데 이렇게 하다 보니 체험 상품을 홍보하는 데 상당한 제약이 따랐다.

당시 양평농촌나드리 사무국 운영이나 상품 홍보 등에 소요되는 비용은 양평군의 예산 지원으로 이루어지고 있었는데, 일단 예산이 소진되고 나면 사무국을 통한 홍보 활동에는 상당한 어려움이 있었다. 예컨대, 수미마을이 자체적으로 마련한 쿠폰 지급이나 버스 지원, 할인 행사 등의 활동이 더 이상 이루어지기 어려웠다. 이로 인해 수미마을의 체험 상품이 다른 지역 상품에 비해 경쟁력이 떨어졌고, 따라서 기존 고객을 빼앗기는 문제가 발생하였다. 즉, 다시 말해서 당시 양평농촌나드리 예약 시스템에는 수미마을 이외에도 여러 개의 마을이 함께 링크되어 있다 보니 수미마을만의 독자적 특징을 가진 체험 상품을 충분히 홍보하기 어려웠다. 이 때문에 고객이 양평농촌나드리 예약 시스템을 통하여 수미마을 카페에 접근, 수미마을의 상품 가격과 다른 마을의 가격을 단순 비교할 경우 수미마을 상품이 선택되지 못하는 문제가 발생하였다. 게다가 여러 마을이 양평농촌나드리 시스템을 공동으로 이용하는 관계로 형평성 때문에 마을당 상품을 하나씩밖에 올려 주지 못하였다. 당시 수미마을로서는 상품의 다양화를 위해 여러 상품을 홍보하려 했지만 나드리를 통해 충족시키기에는 한계가 있었다.

또한 가족 단위 체험객을 받는 데도 어려움이 있었다. 처음에는 수미마을만이 가족 단위 체험객을 받는 상품을 올렸는데, 이때는 양평농촌나드리 사무국을 통해 가족 단위 체험객 예약을 받는 것이 순조로웠고 효율적인 측면이 있었다. 그러나 나중에는 많은 마을이 양평농촌나드리에 유사한 상품을 올리게 되면서 어려움이 발생하였다. 양평군에서는 나중에 참가하여 처음으로 상품을 올리는 마을을 우대했고, 그 과정에서 수미마을 상품의 경쟁력이 상대적으로 하락하게 되었다. 그리고 앞서 말했듯이 양평농촌나드리에는 구조상 한 마을이 하나의 상품만을 올릴 수 있다 보니, 가족 단위 체험객의 다양한 욕구를 충족시켜 줄 수 있는 상품을 올려서 홍보하고 예약을 받는 데 어려움이 있었다.

이와 같이 다양한 요인들이 계기가 되어 결과적으로는 수미마을이 자체 예약 시스템을 만들게 되었다. 수미마을은 가격 구성, 상품의 내용, 마케팅 채널의 다양화 등에서 자율적인 변화를 추구하기 위해서는 자체 예약 시스템 개발이 필요했다. 특히 단체 예약은 한 명만 상담하면 되지만 가족 단위는 여러 명과 상대해야 되므로 전화 상담도 늘어나고 회계 처리도 복잡해지는 문제가 있었는데, 이러한 문제를 효율적으로 해결하기 위해서는 독자적인 자체 예약 시스템이 필요했다.

파트너십으로 자체 예약 시스템 개발

수미마을은 가족 단위 체험객 유치를 전략적으로 추진하기 위해 독자적인 예약 시스템 개발이 필요했다. 그리하여 2011년도에 드디어 자체 예약 시스템을 개발하였다.

수미마을은 양평농촌나드리 시스템을 개발했던 업체(더푸른홈넷)와 계약을 맺고, 공동으로 개발하게 되었다.[19] 우선은 업체의 개발 보상이 문제였는데, 우여곡절 끝에 수수료를 지급하는 방식으로 합의하였다.

당시 최 위원장은 수미마을의 매출에서 일정 부분을 인센티브로 받기로 되어 있었다. 그는 개발 업체와 계약하면서 보상으로 자신의 인센티브 일부를 주겠다고 제안했다. 상당한 개발 비용에 비해 그가 제안한 수수료는 미미한 수준이었다. 때문에 업체의 반응은, 처음에는 말도 안되는 소리라는 것이었다. 그러나 최 위원장은 업체에 상표 등록 등의 일을 대신해 주는 등 사적으로 노력하는 한편, 앞으로 마을사업이 본격화

---

19) 나중에는 '주식회사 자누리 투어'가 참여하여 3자가 공동으로 개발에 참여하게 되었다.

되면 업체에도 크게 도움이 될 것이라는 점을 들어 꾸준히 설득해 나갔고, 결과적으로 업체의 동의를 얻어 냈다.

자체 예약 시스템 개발 성과, 도약의 기초 마련

업체와 파트너십으로 자체 예약 시스템을 만든 후 수미마을의 매출은 놀랍게도 2배 이상 급상승하였다. 따라서 수미마을은 이로 인해 새

수미마을 자체 예약 시스템 홈페이지

로운 도약의 계기를 맞게 되었다.

우선, 수미마을은 자체 예약 시스템 개발로 체험 프로그램 개발이 자유롭게 되었다. 그리고 이 시스템상에서는 고객들의 정보가 축적되므로 이를 유용하게 활용할 수 있었다. 더욱이 이로 인해 수미마을은 365일 축제 활성화가 가능하게 되었다.

결과적으로 자체 예약 시스템 개발은 수미마을이 오늘날과 같은 사계절 체험 활동의 메카로 도약하는 데 기여했다. 그리고 이 경험은 후에 수미마을이 ㈜농심 등 여러 기업들과 상생 파트너십을 맺어 나가는 데 하나의 촉매가 되었다.

5

수미마을의 마케팅 혁신

🌳 가족 단위 방문객
유치 기반 조성

딸기 체험으로 양평군과 공동 마케팅 시작

양평농촌나드리가 주도하는 '양평군 사계절 축제'에 수미마을이 2010년 봄, 딸기 체험 프로그램 중심으로 참여하게 되었다. 이를 계기로 군 차원의 체계적인 홍보 지원이 가능하게 됨으로써 농촌체험휴양마을로서 수미마을의 도약이 사실상 시작되었다고 볼 수 있다.

양평농촌나드리가 운영하는 웹 사이트에 양평군 농촌체험휴양마을별로 대표 상품이 소개·홍보되고, 이를 통해 상품 판매 및 온라인 예약이 가능해짐에 따라 매출액 증대는 물론 예약 관리 차원에서 비용이 절감됨으로써 상당한 실익을 취할 수 있었다. 이는 2010년 도농교류법에 의거, 체험휴양마을 사업자로 지정됨으로써 양평군 지원의 법적 근거를 확보한 결과라 할 수 있다. 또한, 2009년 무급으로 위촉된 사무장도 유급으로 고용할 수 있게 됨으로써 방문객 유치를 위한 다양한 노력이 시도될 수 있었다.

양평군 사계절 축제에 소개된 수미마을 대표 상품 딸기 체험 프로그램은 '적은 인원이라도 우리 마을에 왔으면' 하는 바람으로 구성하였다. 딸기 체험은 물론 인절미, 새끼 꼬기, 부침개 만들기, 막걸리, 트랙터 마차, 비빔밥 점심을 포함하여 '푸짐하게 먹고, 남은 것은 싸가지고 갈 수 있도록' 차별화를 도모하였다.

양평농촌나드리 온라인 예약 사이트를 통해 모객된 방문객들은 수미마을과 인접한 경기도 운영 민물고기 생태학습관 주차장에서 오전 10시 반 집결한다. 생태학습관부터 먼저 관람하고 딸기 농장으로 이동하여 체험한 후, 수미마을 내에서 찐빵과 인절미 만들기 체험, 트랙터 탑승 체험 등에 참여한다. 이때 방문객이 대량 집중될 경우 동시 수용력을 높이기 위해 체험 루트를 다양하게 설정하고, 체험 루트당 1개 팀 45인을 기본으로 최대 60~70명까지 체험지도사 1명이 인솔토록 운영하였다.

체험 상품 가격은 1인당 2만 5천 원으로 책정하였으며, 이후 3만 9천 원으로 인상해도 체험자가 몰릴 정도로 인기를 끌게 되었다. 딸기 체험 상품은 주말 오전 10시 반에 시작해 오후 3시 반 종료하게 되며, 가족 단위 방문객들은 주로 딸기·찐빵·식사·인절미·부침개 체험 등을 선호하는 것으로 나타났다. 이에 반해 학생 단체는 평일 10시 반에 시작해 오후 2시에 종료되며, 주로 야외 활동 위주의 프로그램으로 구성했으나 특히 트랙터 마차와 돌탑 쌓기, 징검다리 건너기 등의 체험을 선호하는 것으로 파악되었다. 가족 단위 방문객과 학생 단체의 비율은 7 : 3 수준이었다.

가족 단위 방문객은 수미마을 네이버 카페를 통해 양평농촌나드리 온라인 사이트로 링크하여 예약된 경우가 대부분인 반면, 학생 단체는

트랙터 마차 탑승 체험 중인 수미마을 방문객들

직접 양평농촌나드리 온라인 사이트를 통해 예약 접수되었다. 2010년 양평군과의 공동 마케팅으로 불붙기 시작한 수미마을 농촌 체험 방문자 수와 매출액은 각각 1만 명과 2억 3천만 원이었다. 이는 양평군과 공동 마케팅 시작 이전인 2009년도 학생 단체 중심 방문자 수와 매출액이 각각 2천500명과 5천800만 원을 비교해 볼 때 큰 차이를 보임으로써 양평군의 지원 효과를 톡톡히 보았다고 할 수 있다. 참고로 2008년 수미마을 방문자 수는 850명, 매출액은 2천500만 원 수준이었다.

수미마을의 양평군 사계절 축제 참여는 체험 상품 개발과 타깃 시장 선정 차원에서 타 농촌체험휴양마을과 구별되는 특성이 있었다. 양평군 사계절 축제는 물론 수미마을 365일 축제의 대표적 프로그램으로 성장한 딸기 체험은 축제 참여를 목적으로 딸기 농장을 신규로 조성해 판매한 체험 상품이 아니었다. 수미마을 내 임대사업의 하나로 흔히 볼 수

딸기축제 체험

수미찐빵 체험

있었던 딸기 재배 비닐하우스를 시장 다변화 차원에서 농촌 체험 장소로 활용한, 소위 구슬 꿰기식 상품 개발(투자비가 들지 않는)이라는 점에 주목할 만하다.[20]

농촌 체험은 일반적으로 농사 체험, 농촌문화 체험, 농심 체험과 더불어 자연 체험으로 구성된다. 구체적으로 자연 체험은 경관 체험과 계절 체험으로 세분화될 수 있는데, 딸기 체험은 바로 자연 체험 중 계절 체험을 원하는 도시민들의 니즈를 꿰뚫어 본 성공적인 마케팅 사례라 할 수 있다. 이후 딸기 체험은 여러 가지 형태로 변화하면서 동남아 관광객들에게도 이색적 계절 체험으로 인기를 끌 수 있었다.

한편, 농촌체험휴양마을로서 수미마을 이전, 또는 비슷한 시기에 시작한 대부분의 농촌체험휴양마을이 비교적 모객이 용이한 수도권 학생 단체에 집중되어 있었던 반면, 수미마을 경우에는 단체 위주 방문객 구성과 달리 가족 단위 방문객을 주 타깃으로 선정했던 점도 지속 가능한 발전의 주요인으로 평가될 수 있을 것이다.

일반적으로 농촌체험휴양마을은 정부나 지자체 주도로 시작된 만큼 공공기관 지원이 용이한 학생 단체가 주 타깃이 될 수밖에 없었다. 인근의 신론리 외갓집체험마을을 포함한 수도권 시장으로부터 접근성이 용이한 대부분의 양평군 농촌체험마을이 그런 상태였다. 그러나 최근

---

20) 현 영농조합법인 수미마을의 대표이며, 비영리기관인 수미마을의 대표를 맡고 있는 과거 수미마을 사무장 출신 최성준 박사의 리더십이 농촌체험휴양마을로서 수미마을 성공 요인 중 하나라고 볼 수 있다. 최성준 대표 리더십은 네 가지로 축약될 수 있다. 첫째는 수요자의 마음을 꿰뚫어 보는 마케팅 마인드이고, 둘째는 부족한 점을 외부의 전문가나 단체와 연계하여 보완하는 파트너십, 셋째는 위기의 상황을 견디어 내며 기회로 만드는 뚝심, 넷째는 모두가 함께 협력해 살아가고자 하는 상생 정신이라고 할 수 있다.

미세 먼지 등으로 야외 활동이 위축되면서 학생 단체의 농촌 체험은 현저히 감소할 수밖에 없는 상황이 되었고, 이에 따라 수도권 주변의 농촌체험휴양마을 일부는 타깃 시장을 바꿔 가족 단위 방문객 위주로 활성화 방안을 모색하고 있는 실정이다. 가족 단위 방문객을 주 타깃으로 하면서 학생 단체도 수용하는 수미마을 마케팅 전략은 모범 사례라 할 수 있다.

학생 단체를 상대할 경우와 가족 단위를 상대할 경우 농촌체험휴양마을 공급자 입장 차이를 구분하자면 다음과 같다.

학생 단체의 경우는 '체험 교육'이라고 지칭하는 반면, 가족 단위의 경우는 '체험 관광'이라고 통상 일컫고 있어 크게 구별될 것 같지 않아 보이나 실상은 그렇지 않다. 체험 교육은 수요자보다 공급자 중심이기 때문에 방문객 관리가 수요자 중심인 체험 관광과 현저히 다를 수 있다. 다시 말해서 체험 교육의 목표는 이성적 지식 축적인 반면, 체험 관광의 목표는 감성적 가치 공감이므로 체험 프로그램 구성과 전달 방법이 달라져야 된다. 특히 체험 교육은 의사 결정 주체가 학교이기 때문에 수요자의 니즈가 별로 반영되지 않지만, 체험 관광의 선택 주체는 가족이기 때문에 수요자의 만족 여부가 재방문과 구전에 결정적일 수 있다. 집중력이 제한적이고 재미(Fun)를 추구하는 청소년층에게는 특별히 체험 관광이 체험 교육보다 훨씬 고도화된 커뮤니케이션 기술이 요구된다.

이러한 관점에서 수미마을이 양평농촌나드리 사계절 축제 참여 시부터 가족 단위 방문객을 주 타깃으로 한 체험 상품 판매에 주력한 것은 당시 여건을 감안할 때 매우 도전적인 시도였다고 평가할 수 있다.

농촌 체험 기반 시설 물놀이장 설치,
여름철 비수기 타개

소득 사업을 위해 다목적 체험관으로 조성된 한옥 건물은 수미마을 한쪽에 치우쳐져 있었으므로 체험 거점으로 적합하지 않아 하천을 포함한 기존의 밤나무 숲 유원지 일원[21]으로 옮기는 시도가 2007년에 있었다.

2010년 양평군 사계절 축제에 봄 딸기 체험으로 참여해 예상치 못한 성과를 얻게 된 수미마을은 여세를 몰아 여름 축제를 기획하는데, 과거부터 유원지로 사용되어 온 마을 내 하천 부지와 하천을 활용하자는 데 뜻을 모으게 되었다. 마침, 양평군 내 농촌체험휴양마을로서 선두 그룹을 형성하고 있던 가루메마을에는 개천이 없어 여름철 비수기를 겪고 있었는데, 수미마을이 개천을 활용해 물놀이가 가능해질 경우 방문자 상호 연계가 가능할 수 있다는 가루메마을 제안에 힘을 얻어 물놀이 시설을 설치하게 되었다.

2010년, 최성준 당시 사무장이 텐트 40세트 그리고 수미찐빵이 10세트를 구매해 인당 1만 원의 이용료를 받고 여름철 캠핑객을 유치하였고, 1천500만 원 상당의 개인 투자를 통해 물놀이장과 탈의실을 갖추었다. 이후 양평군 예산 지원으로 화장실을 설치함으로써 '여름 맑은물축제'를 개최할 수 있게 되었다.

---

21) 하천 변 유원지는 과거부터 양평군 체육대회 등이 개최되기도 했던, 초대 마을사업추진위원장인 이헌기 씨가 운영하던 밤나무 숲 비지정 관광 유원지를 지칭하며, 수미마을의 앵커 어트랙션으로 성장하는 기반이 되었다.

수미마을 여름 축제인 맑은물축제에 참여한 방문객들

여름 맑은물축제의 체험 상품은 가족 조약돌 탑 쌓기, 민물고기 매운탕, 뗏목, 물 미끄럼틀, 황토 체험장, 찐빵 체험 등으로 구성되었다. 봄 딸기축제 개최를 통해 얻은 수익금으로 주민들을 고용해 시설을 설치할 수 있었으며, 1일 인건비는 남성 8만 원, 여성 6만 원, 체험지도사는 5만 원으로 책정하였다. 이를 통해 주민들의 이해와 참여가 점차 증대될 수 있었고,[22] 통상 농촌체험휴양마을들이 비수기로 간주하던 여름철에도 방문객을 유치할 수 있는 기반 시설을 갖추게 되었다.[23] 결국 여름철 물놀이장 설치가 수미마을 농촌관광사업이 주민 주도형으로 추진되는 결정적인 계기가 되었던 것은 분명하다고 판단된다.

여름 맑은물축제를 통해 가루메마을에서 수미마을로 연계된 방문자 수는 2010년에만 3천여 명이나 되었고, 반대로 수미마을에서 가루메마을로 연계된 방문자 수는 1천여 명에 달해 상당한 성과를 상호 간에 창출할 수 있었다. 수미마을이 2010년 여름 맑은물축제를 통해 벌어들인 순수익은 1천여 만 원이나 되었고, 이 중 절반은 사전 예약을 통해서 가능했으므로 농촌체험휴양마을도 체험 상품 구성만 잘 할 수 있다면 기존의 리조트나 유명 관광지 같이 가족 단위 방문자들을 대상으로 사전 예약 판매도 가능할 수 있다는 것을 보여 주었다.

2010년에 기획된 수미마을 사계절 축제는 여름 맑은물축제에서 가을

---

22) 한옥 체험관 조성 이후 노인회 13가구를 중심으로 매주 수요일 개최되어 온 운영위원회는 마을사업에 소극적이던 노인 회원 대다수가 운영위원으로 참가하게 됨으로써 마을 발전을 위한 논의와 의사 결정이 탄력을 받기 시작하였다.
23) 여름철 맑은물축제는 2012년 메기수염축제로 발전하면서 그동안 강원도로만 향했던 수도권 가족 단위 관광객 일부를 농촌체험휴양마을로 유인하는 촉매제 역할을 하게 되었다.

수확축제로 넘어가면서 가족 단위 방문자들에게 계절 변화를 체험할 수 있는 더욱 다양한 상품을 준비하게 된다. 수확축제 프로그램으로 고구마 캐기, 밤 줍기 등 마을 내 자원을 활용한 수확 체험과 더불어 기존 인기 체험 상품인 찐빵과 인절미 만들기 체험을 묶었다. 또한 주민들이 참여하는 마을 식당 운영을 통해 봄·여름은 주로 가족 단위 방문자들을 위해, 그리고 가을에는 단체 학생들을 고려해 점심 메뉴로 비빔밥·잔치국수·불고기 쌈밥·빙어 무침과 소고기 무국·떡만두국 등이 개발되었다. 저녁 메뉴로는 바비큐 파티, 그리고 여름철 숙박객을 위한 아침 메뉴로 황태해장국도 제공되는 등 메뉴의 폭이 넓어지게 되었다.

2010년, 수미마을 사계절 축제로서 겨울 축제는 빙어축제를 계획하고 있었는데, 구제역이 기승을 부리는 바람에 결국 개최하지 못하고 2011년 봄을 맞이하게 되었다. 그럼에도 불구하고 수미마을은 2010년 한 해 동안 봄 딸기축제, 여름 맑은물축제, 가을 수확축제, 겨울의 김장 담그기 체험을 통해 명실공히 '물맑은 양평농촌나드리'가 주도하는 양평군 사계절 축제의 거점으로 자리 잡을 수 있게 되었다.

수미마을 사계절 축제를 통한 가족 단위 방문객 유치 수용 태세 구축은 지금까지 학생 단체를 타깃으로 운영되어 온 타 농촌체험휴양마을과는 차별화된 접근이었고, 이 점이 지속 가능한 농촌관광을 이루게 된 성공 요인 중 하나였다고 볼 수 있다.

이후 2011년 겨울, 제1회 빙어축제 개최와 2012년 여름철 메기수염축제 개최를 통해 수미마을 사계절 축제는 계절 상품의 의미를 넘어서 일반 농촌체험휴양마을로서는 거의 드물게 상시 체험이 가능한 365일 축제장으로 진화하게 되었다. 이는 전국 1천100여 개소 농촌체험휴양마

수미마을의 겨울 축제 김장 담그기 체험

을 중 상위 2%[24]에 해당하는 정도의 성과로서 기존 대부분의 농촌체험 휴양마을이 농사가 주업이고 농촌 체험이 부업인 아마추어 농촌관광 마을이었다고 본다면, 수미마을은 농촌 체험이 주업이고 농사가 부업인 프로페셔널 농촌관광 마을로 성장하게 되었다고 볼 수 있을 것이다.

여기서 간과해서는 안 될 점은 대부분의 농촌체험휴양마을이 수미마을과 같이 365일 상시 체험 관광이 가능한 마을로 성장하기는 결코 쉽지 않다는 것이며, 또한 이렇게 되어서도 안 된다는 것이다. 그러므로 수미마을 성공 스토리를 분석하는 목적은 첫째로, 지속 가능한 농촌관광 플랫폼으로서 성공 요인은 무엇이며 어떻게 그러한 결과가 가능했는가를 파악하는 데 있고, 둘째는 그러한 성공 요인을 구비하지 않으면 수미마을과 같이 365일 농촌 체험이 가능한 마을을 결코 꿈꾸어서는 안 된다는 것, 셋째는 따라서 일반적인 농촌 마을은 수미마을과는 다르게 농촌관광을 적용[25]해야 할 필요성도 공감하도록 하는 것이다.

---

24) 농촌관광으로 상시 체험이 가능한 농촌체험휴양마을이라도 수미마을과 같이 주민 대다수가 법인과 비영리단체로 참여하고, 수익도 시스템상에서 공개되어 공정하게 분배되며, 주민 행복기금도 조성되는 마을은 흔치 않을 것이다.

25) 전국 농촌체험휴양마을 대부분은 수미마을과 같은 365일 상시 체험 관광을 지향하고 있을지도 모른다. 그러나 실상은 극히 일부만 상시 체험을 통한 소득 증대가 가능할 뿐이고, 대부분은 농촌관광을 활용한 농산물 가치 증대, 즉 브랜딩에 집중하는 것이 타당해 보인다. 이것이 바로 6차 산업화이며, 농촌체험휴양마을이 그동안 농촌관광을 통해 주민 역량을 키워 왔기 때문에 가장 적합한 대안 중 하나라고 판단된다.

🌳 상시 프로그램(365일 축제) 운영 시스템 구축

다양한 분야 전문가들과의 파트너십

수미마을 도약에 있어서 무엇보다도 중요한 요인은 양평군 농촌관광 지원 조직인 양평농촌나드리 사계절 축제에 참여하게 됨으로써 양평군과 협력 체계를 구축하게 된 점이다. 이를 통해 양평군으로부터 유무형의 다양한 지원을 받게 되는데, 특히 양평군의 농촌관광 네트워크를 통해 한국관광공사, 한국농어촌공사와 연계된 각종 전문가들의 관리 운영 관련 기술 협력(파트너십)을 이루어 낼 수 있었다는 점을 주목할 수 있다.

양평군 중간 지원 조직인 양평농촌나드리를 통한 온라인 홍보와 예약은 수미마을 도약의 밑거름이 되었다. 그러나 앞서 언급한 바와 같이 가족 단위 방문객 대상 맞춤형 상품 선택의 다양성 제고와 가격 차별화를 위해 자체 온라인 예약 시스템 구축이 필요하게 되었다. 이에 따라 양평나드리 온라인 시스템을 개발한 더푸른홈넷의 신교진 대표와 파트너십을 통해 자체 예약 시스템을 구축하였다. 자체 예약 시스템 개발을 위한 투자비와 운영비는 최성준 당시 사무장이 공식적인 급여 대신 인센티브 차원에서 수미마을 마케팅 대행업체인 농업회사법인 ㈜광장을 통해 받기로 했던 자체 예약 시스템 기반 상품 매출액 일정 부분을 공유함으로써 조달할 수 있었다.[26]

온라인 예약 시스템 구축이 필요하다고 판단되더라도 재원 조달이 쉽지 않은 당시 상황에서 최성준 사무장 자신의 이익을 희생해서라도 파트너십을 통해 시스템 구축을 시도했다는 점은 높이 살 만하다. 또한 수미마을을 가족, 또는 친지와 함께 체험객 차원에서 방문한 다양한 분야 관계자들이 직접 현장 체험 프로그램 참여를 바탕으로 농촌체험휴양마을의 가치와 운영 실태를 공감함으로써 간접 지원과 지지를 통해 수미마을 도약에 도움을 주었음은 부인할 수 없다.

농축산식품부(농어촌공사)의 다양한 지원책

2010년도 농어촌공사가 농축산식품부 지원으로 시행한 팜스쿨에 수미마을이 동참하게 되었다. 서울 온수초등학교를 마을 주민들이 방문해 학교 농장 관리나 학교 행사에 직접 참여하는 반면에, 학생들은 가족과 함께 직접 수미마을로 농촌 체험을 옴으로써 도농 교류의 장을 열게 되었다. 수미마을 어르신들이 서울 온수초등학교 방문 시 체험 상품 개발을 위한 사전 준비차 인사동 짚풀생활사박물관에 들러 교육을 받은

---

26) 최성준 사무장이 온라인 예약 시스템 기반 상품 매출액의 10% 전부를 연봉(약 1억 수준)으로 받고 있다고 잘못 알려져 있었는데, 실상은 더푸른홈넷 신교진 대표, 헤이리마을 박재견 대표와 각각 1/3씩 나눔으로써 파트너십 성사를 위한 재원으로 활용하였다.

것도 팜스쿨의 실적이라 아니할 수 없다.

농촌체험휴양마을에 외국인을 유치하기 위한 R20(Rural 20) 사업에 선정되어 국내 거주 외국인 전문 여행사인 어드벤처코리아와 인연을 맺게 되었고, 이를 통해 외국인 어학당 학생들을 한 번에 30여 명씩, 많게는 150여 명까지 수미마을에 유치할 수 있었다. 어드벤처코리아와의 인연은 농축산식품부 외국인 유치 인센티브 지원이 종료된 이후에도 현재까지 외국인 수미마을 방문에 일조를 하고 있다. 국내 거주 외국인 방문을 통해 농촌 체험 상품의 세계화 가능성을 엿볼 수 있었으며, 우리 것도 통할 수 있다는 자신감이 팽배하게 되었다.

한국농어촌공사의 국내 여행객 유치를 위한 지원사업의 일환으로 모두투어 국내 사업부가 우수농촌체험휴양마을 대상으로 서비스 교육을 실시하였는데, 여기에 수미마을이 참여하면서 관계를 맺게 된 이후 모두투어가 직접 수미마을 체험 상품 온라인 마케팅을 통해 내국인 모객을 시작하였다. 여행사를 통한 내국인 모객을 위해 10% 수준의 가격 할인[27]을 시도하는 등 온라인 예약 시스템 이외의 마케팅 채널 다변화를 도모할 수 있었다.

농촌체험휴양마을 등급 평가 제도가 도입되면서 수미마을은 2013년 경관·서비스, 체험, 음식, 숙박 네 부문에서 으뜸촌[28]으로 선정되었다. 이후 당시 농축산식품부 이정삼 농촌산업과장이 직접 수미마을 현장에

---

27) 여행사를 통한 모객을 위해 10% 가격 인하된 기획 상품을 별도로 준비하였으며, 대명 비발디파크 방문 시 수미마을을 경유하도록 하는 코스를 구성하였다.

28) 2019년 농촌체험휴양마을 등급 심사 항목이 일부 변경되어 '경관 및 서비스' 부문이 빠지고 대신 '교육' 부문이 첨가됨으로써 네 가지 부문 모두 1등급인 으뜸촌 선정이 더욱 어려워졌지만, 수미마을은 으뜸촌을 유지하게 되었다.

서 으뜸촌 관련 회의를 주재하였고, 농촌체험휴양마을 등급평가위원들이 현장 실사 이전에 눈높이를 맞추기 위해 수미마을을 방문할 정도로 관심을 모은 바 있다.

으뜸촌으로 선정되면서 농어촌공사 웰촌 포털을 통한 홍보·동남아 관광객 유치 시 인센티브 제공·전문화 교육[29] 등 각종 지원을 받게 되었고, 이를 통해 수미마을이 현재의 단계로 발전할 수 있었다.

박재견 대표(파주 헤이리마을)와 마케팅 채널 확대

양평군과 농촌관광 공조 체계를 유지함으로써 한국관광공사를 통해 양평군 김장나눔축제 티켓 판매를 담당하고 있던 헤이리마을 박재견 이사를 소개받을 수 있었다. 박재견 이사는 당시 가족 단위 방문객의 핫플레이스로 인식되던 파주 헤이리마을 내 모든 소득 사업을 담당하는 '㈜헤이리 PAS'를 창업한 현장 전문가였다. 박 이사를 통해 어느 농촌체험휴양마을에서도 시도해 보지 못한 수미마을 웰컴 센터 겸 현장 티켓 판매소 기능을 갖춘 관광 안내소를 설치함으로써 365일 상시 체험 가능한 농촌체험휴양마을의 면모를 갖추게 되었다.

박재견 이사와의 파드너십은 수미마을 온라인 예약 시스템을 통한 체험 상품 매출액 중 사무국 인건비 명목으로 책정된 10% 중 일부를 제

---

29) 한국농어촌공사가 주관한 사무장 초·중·고급 과정에 수미마을 관계자가 참여하여 사업 계획서 작성, 스토리텔링, 마케팅, 회의 기법 등을 습득할 수 있었음은 마을 관리 운영과 관련해 큰 소득이었으나 이후 체험휴양마을 관계자 대상 교육이 체험휴양마을협의회로 이관된 이후에는 아무래도 체계적인 교육이 미흡했다고 현장에서는 이야기하고 있다.

농촌체험휴양마을 최초 현장 티켓 판매소 운영

사륜 오토바이 체험을 이용하는 가족 체험객

공함으로써 성립될 수 있었다. 박 이사는 이미 헤이리마을 운영을 통해 터득한 가족 단위 방문객 대상 상품 개발 노하우를 바탕으로 수미마을 가족 단위 체험 상품 개발과 관련해 다양한 아이디어를 제안하였으며, 티켓몬스터나 쿠팡 등 온라인 유통 채널과 연계를 맺어 주고 그들과의 계약 조건 등을 자문해 줌으로써 수미마을 체험 상품 마케팅 채널 확대에 크게 기여하였다.[30]

(주)농심과의 파트너십

㈜농심을 통해 수미마을 간판 설치를 지원받음으로써 농촌체험휴양마을 최초 '수미칩' 홍보를 매개로 한 파트너십을 시도하였다. 2011년, ㈜농심 마케팅 상무와 친지들이 수미마을 방문 시 쌓은 인연을 통해 2012년 겨울, 화장실 설치 지원과 수미감자 계약 재배로 파트너십이 확대되었다.

감자 계약 재배는 저장고 설비 없이 농심 관련 회사를 통해 한 번에 수확과 수매가 가능해짐으로써 상당한 수익을 창출할 수 있는 기회였으나 특정 시기에 맞춘 납품을 위해 노동력이 집중될 수밖에 없어 기존 체험 인력 지원에 상애가 되었다. 더욱이 농업보다 서비스업에 이미 익숙해진 주민들이 감자 농사를 기피하여 1년 계약 재배 후 무산되고 말았다.

이후 가족 단위 방문객 기념품 개발 차원에서 수미칩 공장을 조성하여 현지 생산하는 방안도 제기되었으나 공장 설립 예산도 상당하였고,

---

30) 2012년 겨울에 수미마을에서 개최된 제2회 빙어축제에 박재건 이사의 자누리 투어가 체험객 모집에 도움을 줌으로써 수익을 창출할 수 있었다.

마땅히 운영할 주체를 찾지 못해 성사되지 못하였다. ㈜농심과의 파트너십은 대표 상품 중 하나인 '수미칩'과 신상품 '신라면 블랙' 등을 시중가보다 싸게 구매하고, 사계절 축제 시행 시 방문객에게 대여된 의자를 회수하는 데 수미칩과 신라면 블랙을 인센티브로 제공함으로써 현재까지 지속될 수 있었다.

여기서 주목할 만한 점은 농촌체험휴양마을의 시설 투자를 위한 재원 조달 소스로서 민간기업 제품 홍보를 매개로 한 파트너십도 가능하다는 사실을, 수미마을이 수미칩과의 브랜드 유사성을 근거로 국내 최초로 창출해 냈다는 것이다.

미세 먼지와 코로나19 상황 등으로 학생 단체 농촌 체험 활동이 위축되고, 가족 단위 농촌 체험이 증가하는 추세를 보일 경우 농촌체험휴양마을은 기존의 환경 친화적이고 관계 중심적 이미지를 바탕으로 가정 소비와 관련된 상품 홍보의 장이 될 가능성이 크다. 따라서 파트너십은 지출 감소를 대비한 유효한 수단으로 활용될 수 있을 것이다.

㈜농심과의 파트너십으로 간판 설치를 지원받은 사례

외지인 활용을 통해 강화된
현장 인력 관리와 지역 개발 전문성

　2010년도까지는 방문객 만족도 관리의 초점을 '푸짐하고 넉넉한 인심'에만 두었지 현장 곳곳에서 마주치는 수요자의 접점 관리에는 신경을 쓰지 못했다. 그러던 중, 가격을 올리더라도 전문 체험지도사가 인솔하도록 하는 것과 동시에 체험객 수를 줄여 질을 높이는 것이 어떠냐는 이용자들의 의견이 있어 체험지도사를 정식으로 채용하게 되었다.

　양평농촌나드리에서는 당시 제1기 체험지도사 양성 교육을 시행하고 있었고, 마침 이들이 실습을 위해 수미마을을 방문하던 중에 박현덕 씨를 만나게 되었으며, 교육 수료와 동시에 2011년 봄부터 수미마을 전담 체험지도사로 고용하게 되었다. 이전까지 체험 프로그램은 최성준 사무장과 수미찐빵 최동분 씨가 주도해 일부 체험 도우미와 함께 현장 관리를 해 오고 있었다. 방문객 수가 늘어남에 따라 일손이 부족하였기 때문에 체험지도사 수급과 신임 체험지도사 교육 등 현장 인력 관리 차원에서 박현덕 씨의 채용은 체험 상품 품질 향상에 크게 기여할 수 있었다. 또한 이를 통해 최동분 씨는 소사장으로서 수미찐빵 사업에 몰입할 수 있었고, 최성준 사무장도 마을 운영과 관련한 대외적인 일에도 관여할 수 있는 여유를 가지게 되었다는 점에서도 주목할 만하다.

　또 다른 체험지도사인 윤상철 씨 내외는 2010년 양평군 세월리에 귀촌하게 되면서 1년여간 여성문화센터에서 각종 문화 프로그램을 수강하며 지내다가 보다 의미 있는 일을 찾던 중 체험지도사 교육을 접하게 되었다. 양평농촌나드리 체험지도사 제2기 교육을 마친 후, 마침 박현덕 체험지도사가 양수리에 위치한 질울고래실마을 사무장이 되면서 그 자리에 발탁되었고, 2012년 여름부터는 수미마을에서 체험 반장으로 일하게 되었다. 이후 체험지도사 수급 등 현장 인력 관리를 영농법인 수미마을 사무국이 담당하면서 윤상철 씨는 체험 반장 자리를 내놓고 명예 주민으로서 비영리단체 수미마을 명예 주민단 단장으로 승진하였고, 영농법인 수미마을 감사로도 선임되어 수미마을 관리 운영에 참여하게 되었다.

박현덕 씨나 윤상철 씨의 동참은 수미마을 체험 프로그램의 질적 향상을 꾀할 수 있었던 점 이외에 또 다른 의미를 부여할 수 있다. 수미마을 농촌 체험사업 운영에 참여한 원조 외지인 생생딸기농장 김기춘 씨를 제외한다면, 그들이야말로 수미마을 주민들의 외지인 참여에 대한 인식을 변화시켜 놓은 장본인들이다. 과거 체험 프로그램에 참여하고 있던 도우미들에 대해서 주민들은 별로 달갑지 않은 시선을 보내고 있었던 마당에 전문성 있는 체험지도사로 정식 채용된 이들에 대해서도 배타적일 수밖에 없었다. 그러나 최성준 사무장이 이들 외지인들의 사업 참여 필요성을 강조해 설득하면서 제도적으로 외지인 참여를 보장키 위해 정관을 개정하였으며, 이에 근거해 외지인 전문가들에게 적절한 직급과 일거리를 부여하였다. 결국 수미마을 전담 체험지도사 채용을 계기로 농촌체험휴양마을사업에 참여할 수 있는 인적 자원의 범위가 외지인을 포함할 수 있도록 확대되는 계기가 되었다고도 볼 수 있다.[31]

---

31) 농촌체험휴양마을 관리 운영에 있어서 외지인의 참여는 방문객의 니즈를 파악하고 대처한다는 차원에서 필수적이다. 실제로 주민 주도형 마을사업의 성공을 위해 주민들 저항을 최소화하면서 적절하게 외지인을 수용함으로써 서비스 마인드를 확산하고 전문성을 강화하는 것이 중요한데, 수미마을은 이를 설득과 시스템 마련 차원에서 모범적으로 해결한 사례라 할 수 있다.

2011년 겨울, 제1회 빙어축제 개최를 계기로 인력 관리 근무 경력이 있는 최성준 사무장의 지인인 이창권 씨가 풀타임 인력 지원 팀장으로 고용되면서 예약, 체험, 현장 관리 등을 책임지게 되었다. 현재 이창권 씨는 영농법인 수미마을 사외이사인 동시에 2012년부터는 사륜 오토바이 창업으로 소사장이 되었을 만큼 수미마을 운영에 깊이 관여하고 있다.

　　이러한 외지인 전문가 영입은 궁극적으로 이헌기 추진위원장이 유연하고 포용적 사고로 동의하였기에 가능하였으며, 이를 통해 수미마을은 한 걸음 더 앞으로 내디딜 수 있었다고 최성준 현 수미마을 대표는 구술하고 있다. 이와 함께 2011년 예비 사회적 기업으로 지정되면서 사무장 채용 등 직원 채용과 주민들의 정식 고용이 이루어지고, 2006년부터 참여해 온 주민들이 고령화되면서 2012년(수미마을 한옥 체험관 조성 15년 후)부터는 주민의 자녀들도 수미마을 사업 참여에 관심을 가지게 되었다.

　　현장 인력 관리 차원의 외지인 도움과는 별개로 수미마을이 발전하는 과정에 있어서 인허가 관련 법률 검토와 각종 행정 처리 문제를 해결할 수 있도록 밀착 자문해 준 최종흠 전 국민대학교 교수의 지원도 빼놓을 수 없다. 석사학위 지도교수로서 만나게 된 후, 최성준 위원장이 양평군에 이주해 타지 생활에 적응하는 과정에서도 정신적 지주인 동시에 기술적 멘토 역할을 하였다. ㈜광장의 일원으로 수미마을 농촌관광사업에 깊이 관여하면서 직접 터득한 지역 공동체 갈등 관리 노하우를 경기농촌활성화지원센터를 통해 경기도 내 마을 만들기 사업에 전파함으로써 주민 주도형 지역개발사업의 시행 착오를 최소화하는 데 기여했다.

　　경기도 농촌관광 팀장으로서 2009년 당시 최성준 사무장과 일본 연수를 함께한 인연으로 농촌 활성화 관련 각종 지원사업에 대한 정보 제공은 물론 멘토 역할까지 마다하지 않은 정지영 전 과장의 존재도 수미마을의 든든한 버팀목이었다. 2010년 농촌체험휴양마을 지정과 유급 사무장 고용, 2011년 경기도가 주관한 클라인가르텐 사업(체재형 주말농장 사업) 등과 관련해 수미마을이 선정될 수 있었던 것은 정지영 과장의 멘토링이 있었기에 가능한 일이었다. 이후 정지영 과장은 수미마을에 농막을 짓고 귀농하여 봉상리 주민이 되었다.

365일 축제 완성과 마케팅 믹스

농촌체험휴양마을로서 수미마을이 성공적 운영 사례로 손꼽히는 이유 중 하나는 1천여 개의 농촌체험휴양마을에서 거의 볼 수 없는 365일 농촌 체험 프로그램을 운영하고 있다는 점이다. 대부분의 농촌체험휴양마을은 사전 예약을 통해서 주민들이 원하는 시간에만 체험이 가능하며, 체험 대상도 학생 단체나 일반 단체를 선호하는 경향이 있어 가족 단위 방문객 경우는 최소 10명 이상이 될 경우에만 가능하다. 반면에 수미마을은 누구든지 원하는 시간에 현장 방문하여 바로 농촌 체험에 참여할 수 있다는 것이 일반 농촌체험휴양마을과 다르다.

이렇게 수미마을이 일반 관광지와 같이 상시 체험이 가능하기까지는 수도권 입지, 각고의 자체 노력과 정부·지자체 지원이 바탕이 되었겠지만 결과론적으로 말해서 방문객 수요가 전업으로서 농촌 체험을 운영할 만큼 확보되었기 때문이다. 상대적으로 일반 농촌체험휴양마을은 전업으로 운영하기에는 방문객 수요가 미흡하고, 그렇다고 부업으로 운영해서는 방문객이 원하는 시간에 체험이 어려우며, 서비스 질도 떨어져서 불평을 야기할 수밖에 없는 진퇴양난에 처한 상태라 할 수 있다.

여기서는 365일 축제장으로서 상시 체험 시스템이 구축되기까지 과정과 마케팅 믹스 사례를 계절별 축제를 바탕으로 기술하고자 한다.

봄 딸기축제 업그레이딩과 가격 차별화

수미마을 도약의 계기가 된 2010년 양평군 사계절 축제 참여 시 수미마을 대표 체험 상품이었던 봄 딸기축제는, 2011년부터 학생 단체 체험 상품과 가족 단위 체험 상품으로 세분화되어 운영되었다.

2010년 봄 딸기축제 시에는 방문객들의 혼잡을 해소하고 회전율을 높이기 위한 목적으로 찐빵 체험을 위시해 수미마을에서 시작되는 '종일 A형 체험 코스'와 딸기 농장에서 시작되는 '종일 B형 체험 코스'로만 구분해 상품이 제공되었다. 그러나 2011년부터는 전문 체험지도사 인솔하에 적정 인원만이 참여하는 가족 단위 고품질 체험 상품을 개발하고, 체험지도사 인건비 등 원가 계산에 기초하여 학생 단체 체험 상품과 차별화된 가격을 책정하였다. 단체 위주 체험 상품은 수미미을 내 체류 시간이 상대적으로 짧으므로 참여 프로그램 수도 적고 가격도 저렴한 반면, 가족 단위 체험 상품은 체류 시간이 길어 부모와 함께할 수 있는 다양한 체험 프로그램으로 구성하였다. '무한 리필 부침개 만들기'는 단체 상품에서는 과감히 생략하고, 가족 단위 상품에서는 부모와 함께 즐길 수 있는 인기 아이템으로서 다른 체험 프로그램과 함께 1인당 2만 7

천 원으로 가격이 책정되었다.

수미마을 체험 상품 구성 및 가격 책정의 원칙은 첫째로, 단체와 가족 단위 가격 차별화, 둘째는 딸기 농장 등 특정 업주뿐만 아니라 가능한 참여 주체 모두가 수익을 올릴 수 있도록 상품 구성, 셋째는 상품 구매자들이 푸짐하다는 인상을 가질 수 있도록 '덤' 서비스, 넷째는 베이직 패키지·스페셜 패키지·풀 티켓 상품 구성으로서 선택 다양성 부여 등으로 요약될 수 있다.

딸기 체험이 인기 체험으로 부상하면서 특정 프로그램 비중이 높다는 주민들 불평이 야기되었고, 이를 해소하기 위한 방안으로 수미마을 내에서 행해지는 찐빵 체험과 밤나무 숲 주변 밤 줍기 체험을 포함해 베이직 패키지를 구성하였다. 그러나 이후에는 딸기 체험 사례와 같이 독점한다는 주민들 오해가 있어 다시 갈등이 야기되기도 하였다. 체험 참여 시간이나 노력 등을 바탕으로 수익이 발생한다고 생각하기보다는 수익 총량을 기준으로만 비교하다 보니 오해는 깊어졌고, 이를 해소하기 위해 영업 시작 하루 전 영업 계획서를 작성하여 인건비 지출액과 인력 운영 계획을 운영위원들에게 공개하고, 점진적으로 직영 부문을 감축함으로써 갈등 해소를 시도하였다. 그러나 정작 마을 주민의 개인적 필요에 따라 인건비 지출 사업의 당위성을 주장하는 등 문제가 계속 제기되다가 미세 먼지 등 기후 변화로 방문객 수가 감소하면서 예산이 축소됨과 동시에 더욱 투명하게 집행되면서 이러한 불만들은 사라지게 되었다.

봄 딸기축제의 상품 가격은 베이직, 스페셜, 풀 티켓으로 구분되어 책정되었다. 베이직은 딸기 체험과 기타 기본 체험을 포함하였고, 여기에 찐빵 체험과 밤 줍기를 합쳐 스페셜 티켓으로, 그리고 스페셜 티켓에 소

BIG 3
+
수미Special 체험
(수미Basic체험 2개 또는 겨울딸기
피자와 스파게티, 은빛빙어 중 택1)

09시 30분~17시
※ 떡국이용시간 : 12시~14시

정상가
48,000원
할인가
39,000원

BIG 3

네바퀴체험   수미찐빵   향초와 방향제   모노레일

수미 Basic 체험1개

겨울딸기   피자와 스파게티   얼음썰매와 밤구워먹기   은빛빙어

수미마을 패키지 체험 상품 가격 안내

사장 상품 비싼 것을 합쳐 풀 티켓으로 구성하였다.[32]

2011년, 앞에서 말한 봄 딸기축제의 다양한 체험 프로그램을 통해 5천만 원 상당의 순이익을 올릴 수 있었으나 주민 분배와 재투자로 대부분

32) 현재는 상품 가격이 인솔자형 S1(직영 중심 : 식당과 송어, 딸기), S2(소사장 중심), S3(딸기 체험 포함, 비싸짐.)과 자유형 F1(직영 중심 : 식당, 저수지 가두리 송어 포함), F2(소사장 중심), F3(딸기 체험)으로 책정되어 있다. 그러나 점차 마을 직영 상품은 최소화하고 네 바퀴 패키지, 찐빵 패키지, 카누 낚시 패키지 등 소사장 중심과 개별 농장 중심의 가격 책정으로 가격 전략을 변경함으로써 책임 경영을 도모하고 있다.

소요되었다. 이를 기반으로 도로 개설과 토목 공사, 건물 대수선 등 시설 보수와 신규 투자가 계속해서 이루어질 수 있었다. 이러한 상황에서 전반적인 체험 상품 가격이 인상됨으로써 매출액이 일시적으로 감소하게 되는 상황도 발생하였으나 여기에 위축되지 않고 '마케팅 채널'도 확대하고, '파이를 더 키워야' 된다는 일념으로 2011년 겨울 빙어축제를 도모하게 되었다.

겨울 빙어축제 개시로 사계절 체험 가능

2011년부터 예비 사회적 기업으로 지정받으면서 사무장 인건비 등 지원이 가능해지자 사무국으로서는 무엇인가를 시도해 수익을 창출해야 하는 부담을 갖게 되었다. 마침 겨울철에 전기료 등 고정 비용이 발생하게 되어 고민하던 중, 2010년부터 홍보를 시작했지만 구제역 때문에 실행에 옮기지 못한 얼음낚시를 시도하게 되었다.

수미마을에는 저수지가 없었으므로 인근에 위치한 백동낚시터 주인 아들과 겨울 얼음낚시를 파트너십으로 시행했다. 캠핑과 낚시를 주업으로 하고 있던 백동낚시터 입장에서는 겨울철은 비수기이므로 시장 다변화 차원에서 봄·여름·가을철에 몰리는 수미마을 방문객 대상 얼음낚시 제안을 거절할 이유가 없었다.

농업회사법인 ㈜광장이 겨울 얼음낚시 운영 주체로서 책임을 맡게 되었다. 오전, 오후 반나절 얼음낚시 티켓 가격은 백동낚시터 낚시 도구 사용비와 수미마을 체험 프로그램 참여비를 포함해 2만 5천 원으로, 그리고 수미마을에서의 식사가 포함될 경우는 3만 5천 원으로 책정하였다. 수미마을 내 들마루펜션 숙박을 포함한 기업 세미나 상품은 수미마을 리셉션 후 마을 내 체험 프로그램 참여와 식사, 그리고 백동낚시터 얼음낚시를 포함해 1인당 7만 원부터 9만 원 사이에서 책정되었다. 예약 및 결제는 수미마을 자체 온라인 예약 시스템으로 가능하다.

딸기축제와 물놀이축제로 수미마을을 방문한 체험객을 주 타깃으로 한 제1회 빙어축제는 방문객이 백동낚시터에 도착하면 수미마을 요원 안내로 주차한 후 낚시 방법에 대해 설명을 듣고 얼음낚시에 참여했다. 이후 스마트폰 문자 발송을 통해 공지되는 동선에 따라 각자 차량을 이용해 수미마을 체험장으로 이동했다. 겨울철 수미마을 체험과 먹거리로는 찐빵, 달고나, 빙어 튀김, 빙어 무침, 잔치국수, 연날리기 등이 있었다. 또한 백동낚시터에서는 낚시터 방갈로도 이용할 수 있었고, 썰매 대회·대형 연날리기[33] 이벤트도 개최하였다. 이러한 노력의 결과로 2012년 2월, 한국관광공사가 추천하는 '2월 여행지'로 소개되면서 2월 방문객이 급증하였고, 겨울철 비수기를 타개하는 계기가 되었다.

제1회 빙어축제의 성공적 개최로 수미마을 내 저수지 조성 논의가 급물살을 타게 되었다. 결국 2012년 제2회 빙어축제는 수미마을 내에서 개최하게 되었다. 이전부터 수미마을 내 계곡에 사방댐 흔적이 있어 댐 구축에 관해 부지 소유주들 중심으로 부분적이나마 논의되어 왔는데, 활용 방안과 관련해 합의를 보지 못해 공사 시작을 미루고 있었다. 마침 이웃한 상가리에서도 댐을 막으려고 노력했었으나 불발에 그치고 있었던 상황(결국에는 소규모로 댐 완공함.)에서 백동낚시터 제1회 빙어축제

---

33) 연날리기 체험을 위해 겨울철 주말에만 '큰 연 날리기' 이벤트를 개최하였고, 이를 주관한 업체에 한해서 연날리기 체험을 위해 방문객들이 구매하게 되는 연 납품권을 부여함으로써 상생하는 파트너십을 구축하였다.

의 성공적 개최는 수미마을 댐 조성에 결정적인 동기 유발이 되었다.

2012년 이헌기 추진위원장과 이재만 씨의 개인 사유지를 사용권만 받아 다목적 물막기 댐으로 인허가를 취득한 후, 경기도 산림환경원 지원으로 저수지가 조성되었다.[34] 저수지 조성과 더불어 수미마을 체험장부터 저수지까지의 도로가 개설·포장되었고, 전기 공급과 일부 토목공사를 통해 명실공히 겨울철 빙어축제 장소로서 면모를 갖추게 되었으며, 그곳에서 제2회 빙어축제가 개최되었다.

빙어축제 핵심 체험은 빙어와 놀자, 뜰채 뜨기, 얼음 썰매, 사륜 오토바이, 연날리기, 달고나, 찐빵 만들기, 눈썰매 타기 등이 포함되었다. 눈썰매 타기는 양평군 지원으로 제설 기구를 구매하고, 국유지 일부를 활용하여 눈썰매장을 설치함으로써 가능하였다. 눈썰매는 이후 온난한 날씨 때문에 얼음이 얼지 않아 얼음낚시가 불가능할 경우 가능한 대체 활동으로 매우 성공적이었다.

제1회 빙어축제를 공동 개최한 백동낚시터와의 관계는 축제 장소가 수미마을 저수지로 옮겨 온 후에도 '빙어축제'라는 명칭을 공동으로 사

---

34) 2012년 댐 조성 이후 저수지 사용권만 가지고 임대료 없이 겨울 빙어축제와 여름철 물놀이 장소로 잘 이용하고 있었으나, 2015년 토지 소유주 이재만 씨가 저수지 사용권 회수를 위해 수미마을에 내용 증명을 전달함으로써 사용료 협의가 시작되었다. 2017부터 매출액 10%를 사용료로 부담하게 되자, 토지 소유주와 마을 주민 간에 갈등의 소지가 있었던 마을 직영 식당을 국유지인 구거로 내려 농산어촌 체험 시설로 점용 허가받아 운영함으로써 사용료 부담 의무에서 벗어날 수 있었다. 반면에 토지 소유주를 위해서는 마을 식당 자리에 바비큐 등 소사장을 입점시켜서 사용료를 보전시켜 줌으로써(이 경우 사용료는 소사장 판매 수입 중 마을 회수분의 10%로 책정됨.) 쌍방의 갈등 소지를 완전히 해결할 수 있었다. 이 점이 바로 위기의 순간에 조정 능력과 창의력을 바탕으로 상생의 기회로 전환시키는 최성준 위원장의 리더십 특성 중 하나라 할 수 있을 것이다.

용하면서 별개로 개최되어 왔다. ㈜황소의땅 홈페이지에 백동낚시터 홈페이지가 링크되었고, 더푸른홈넷이 백동낚시터 홈페이지를 관리하는 등 부분적 파트너십을 2년여간 이어 오다가 백동낚시터 매출액이 점차 떨어지고, 체험객들의 서비스 불평이 잦아지면서 겨울철 빙어축제는 수미마을에만 한정되어 개최하게 되었다.

당시 겨울 빙어축제는 '물맑은 양평 빙어축제'라는 명칭으로 12월 23일(현재는 12월 초)부터 50일간 개최되었는데, 오픈 후 7일 동안은 빙어가 잡히지 않아 방문객 불만이 야기되었으나 2주도 채 지나기 전에 위원장의 현장 지휘를 통해 현수막 문구 개선, 신 메뉴 출시, 추가 상품 개발 등을 포함한 적극적인 위기 대처로 매출액이 2011년도에 비해 2배 이상이나 급증하게 되었다.[35]

2012년, 양평농촌나드리가 2010년 봄 딸기축제처럼 수미마을 '물맑은 양평 빙어축제'를 양평군 겨울 축제 차원에서 공동 마케팅 하자는 제안이 있었다. 당시 최성준 위원장이 '아이스 페스티벌'을 제안하였고, 군 내 육교 곳곳에 현수막 홍보를 실시하였으나 양평농촌나드리 차원에서 자체 예약을 받지 못하다 보니 모객이 미미할 수밖에 없었다.

2013년부터는 '물맑은 양평 빙어축제'를 수미마을 현장에서는 '쉿! 겨울 비밀 축제'라는 브랜드로 양평 빙어축제와 별도의 웹 사이트를 통해 홍보해 운영하였다. '쉿! 겨울 비밀 축제'는 깊은 산속의 겨울 비밀 네 가

---

35) 농촌체험휴양마을의 경우 수미마을같이 사계절 운영이 지속되는 경우에도 주민들이 계절별로 새로운 축제를 시작해 안정적 운영으로 돌아서는 데는 얼마간의 시간이 소요되었다. 새로운 축제 개장 일정 기간 후 적응 시까지는 현장 중심의 위기 대응이 효과를 발휘하게 되는데, 여기에도 최성준 위원장의 리더십이 작용할 수밖에 없었다. 이러한 계절별 주민 참여 적응 기간이 최소화됨으로써 365일 상시 체험 시스템이 구축되었다.

2013년 '쉿! 겨울 비밀 축제'로 운영되었던 하얀 눈썰매

수미마을의 겨울 빙어축제

지, ① 은빛 빙어 ② 하얀 눈썰매 ③ 아이스링크 ④ 따끈따근한 겨울 음식 테마를 가지고 운영되었으나 수요자 인지도 문제로 다음 해에는 다시 '양평 빙어축제'라는 하나의 브랜드만으로 집중하게 되었다.

2013년 겨울, 기후 관계로 저수지 얼음이 얼지 않아 방문객 수가 감소한 상황에서 마침 양평군 '2013년 행복 공동체 지역 만들기 사업' 공모가 있었고, 수미마을은 양평군 겨울 축제 규모화 차원에서 수미마을 눈썰매 조성 방안을 제안하였다. 수미마을이 기존 양평군 대표 이미지인 '맑은 물'과 '강추위'를 활용해 빙어축제를 만들어 운영하다 보니 양평군민들이 마을에서 끼리끼리만 재미 본다는 질시가 있었고, 인제군 등지에서도 수도권에 짝퉁 축제가 난립한다는 비난에 자극받아 양평에 얼음이 안 얼어도 겨울철 방문객을 유치함으로써 군 전체에 활력을 줄 수 있는 눈썰매장을 조성하자는 제안서 발표로 최우수상을 수상하였다. 상금으로 7천만 원을 받아 수미마을에 눈썰매장을 조성하게 되었다.

이후 2018년도부터는 개군면 산수유 권역 등지에서 빙어축제를 개최하기 때문에 '양평 빙어축제' 대신에 '수미마을 빙어축제'로 변경해 개최하고 있다.

물놀이축제, 메기수염축제로 여름 축제 다변화

2011년 11월부터 예비 사회적 기업으로 지정되어 2년간 인건비 지원을 받아 오던 중, 2013년에는 사회적 기업으로 최종 인증받지 못하게 됨으로써 인건비 지원이 끊겼다. 해결책을 고민하다가 돌파구를 찾은 것이 바로 2013년 여름에 개최된 메기수염축제다.

수미마을을 통과하는 거무내(흑천)에 깔딱 메기가 살았다는 이야기를 듣고 거무내 주변의 메기축제를 구상하였다. 강원도 양구에서도 메기축제를 개최한 바 있었는데, 겨울철에는 수온이 낮아 먹이 활동을 하지 않고 가만히 있어 실패한 사례를 보고 여름철에 시도해 볼 수 있다는 생각을 하게 되었다. 수미마을에서 여름철 메기축제를 개최할 것을 공표하고, 축제 프로그램 아이디어를 카카오스토리에 공개 모집하였는데, 최성준 위원장 지인인 최웅식 작가가 메기축제보다는 '메기수염축제'로 축제명 변경을 제안하여 최종적으로 확정했다.

밤나무 숲 주변에 인공적으로 물을 가두어 메기 체험장을 조성해 맨손으로 메기 잡기 체험을 시도하였고, 메기 수급은 양평군 소개로 여주 메기 양식장과 계약을 맺어 안정되게 공급받을 수 있었다. 축제 첫해인 2013년 당시 메기 한 마리당 2천 원에 5천 마리 이상 수급을 받았으며, 6월 1일부터 8월 말까지 95일 동안 개최하여 2만 명을 유치하였다. 비

수미마을의 여름철 메기수염축제를 즐기고 있는 체험객

오는 날에는 메기 체험장이 물에 잠겨 메기 체험이 불가능했으므로 자연스럽게 형성된 웅덩이를 '노방염 체험장'이라 칭하고, 그곳에서 메기 체험을 시도하였다. 여름철 장마 기간에는 '비 내리는 티켓'을 만들어 비 오면 생각나는 음식(부침개와 막걸리)을 포함해 1인당 3만 원에 가격을 책정하여 메기수염축제 방문객을 유치하였다.

2010년부터 양평농촌나드리와 수미마을 자체 시스템을 통해 홍보하고 예약 받아 운영해 온 1인당 2만 원대 물놀이축제와는 별개의 웹 사이트를 구축해 예약을 받았으며, 동선도 서로 겹치지 않도록 해 수미마을이 너무 수익성만 추구한다는 인상을 갖지 않노록 관리하였다. 수미마을 자체 예약 시스템을 통해 기존의 여름철 물놀이축제 상품과 메기수염축제 상품이 함께 판매될 경우 수요자 분별력이 떨어질 수 있다는 우려도 고려되었다.

여름철 메기수염축제는 다음 해 2014년 세월호 참사로 인해 학생 단체 야외 활동이 크게 위축되는 등 여건 변화가 있었지만, 오히려 대표적인 가족 단위 체험 상품으로 인식되어 방문객 수가 크게 증가하는 성과를 이룩하게 되었다.

2012년부터 수미마을에서 개최된 겨울 빙어축제가 이듬해 2013년 여름 메기수염축제까지 연타석 히트로 이어지면서 방문객도 몰리고, 수미마을 인지도도 상승하게 되었다. 과거 중간 지원 조직 양평농촌나드리에서 관내 농촌체험휴양마을의 체험 상품을 나열해 판매하듯이 수미마을 자체 온라인 예약 시스템에도 다른 마을이나 개별 농장, 그리고 주변 관광지와 연계된 다양한 상품들이 소개되면서 수미마을 체험 상품에 보다 집중할 필요성이 제기되었다. 또한 계절별로 개최된 축제 인지도가

높아지면서 수미마을이 개별 브랜드화되는 경향을 보여 인기 계절 축제
별로 웹 사이트 개발을 시도하게 되었다.

여름 메기수염축제의 경우 신교진 더푸른홈넷 대표가 웹 사이트를
개발하여 농업회사법인 ㈜광장과 함께 예약 및 정산을 책임지게 되었는
데, 운영비는 해당 웹 사이트를 통해 판매된 매출액의 10%로 충당하였
다. 그러나 이러한 개별 사이트와 수미마을 자체 예약 시스템을 동시 활
용한 온라인 홍보·판매 전략은 결국 수요자들의 혼란을 야기하게 되었
고, 마케팅 채널 다변화의 실익도 없었을 뿐더러, 개별 사이트 운영 기업
과의 유착 관련 오해 소지도 있어 결국 2018년부터는 수미마을 자체 시
스템으로 통합되어 운영하였다. 2019년부터는 결제도 수미마을 온라인
시스템에서만 가능하도록 변경하였다.

가을 몽땅구이축제로
365일 상시 운영 체계 구축

고구마 캐기, 밤 줍기와 알밤 구이로 대표되는 가을 수확축제 대표
상품은 맘대로 구워 먹고 나서도 1kg까지는 포장해 가지고 갈 수 있도
록 하면서 1인당 7천 원으로 책정하였다. 그런데 2013년 여름 메기수염
축제로 인기몰이를 시작하면서 수확축제 상품에 메기구이가 추가되었
고, 쫀드기구이·한우구이·돼지구이를 포함하면서 몽땅구이축제로 발
전하게 되었다. 처음 몽땅 구이를 시도하면서 연탄 구이, 짚풀 구이, 장
작 구이 등 불쏘시개 소재별로 구이 상품을 차별화하고자 시도했지만
주민들이 손쉽게 관리 가능한 장작 구이와 숯불 구이로만 제공하게 되

었다.[36] 여기서 양평군 청정 이미지를 활용해 양평산 로컬 푸드 차원에서 몽땅 구이 재료를 조달했음은 당연한 일이다.

몽땅구이축제는 기존의 수확축제보다 다양한 상품 기획 차원에서 진일보한 단계로, 수미마을에서뿐만 아니라 양평군 지역에서 수확·생산한 모든 재료를 수미마을 주민이 장작불 또는 숯불로 직접 구워 줌으로써 현지인과 방문객이 호스트와 게스트로서 접촉할 수 있는 기회라는 의미도 있다. 몽땅 구이 과정에서 현지 주민과 방문객이 만나 소통하는 관계 체험의 시간과 강도는 다른 체험 프로그램에 비해 상대적으로 크며, 오감 체험의 맛있는 먹거리와 결합되어 방문객의 탈일상성은 강화될 수밖에 없다. 농촌 체험을 통한 탈일상성 강화는 바로 도시 방문객의 일상을 회복시킬 수 있는 촉매제가 될 수 있으며, 이것이 바로 농촌 치유를 지향하는 농촌관광의 고도화 과정[37]이라고 볼 수 있다.

가을철 '수확축제'에서 '몽땅구이축제'로 네이밍을 바꿀 수 있었던 배

---

36) 아무리 참신한 아이디어라도 주민들 기호에 맞추어야 실행성이 부가될 수 있다. 물론 주민들의 참여 촉진이 중요하지만, 수미마을의 경우 다양한 수익사업을 통해 참여 의지가 바탕이 되어 있으므로 주민들이 좋아하는 일인지, 아닌지가 특히 중요하다. 농촌 체험과 같이 관광 서비스업에 종사하게 되면서부터는 과거 농사일과 같은 1차 산업 종사 시와 달리 힘든 일보다는 쉬운 일을 선호하게 되므로 몽땅구이축제에도 불 피우기가 쉬운 장작 구이와 숯불 구이가 선호될 수 있었다. 앞서 언급한 ㈜농심과의 파트너십 사례에서 언급되었듯이 수미감자 계약 재배도 상당히 수익성 있는 사업임에도 서비스업에 익숙한 주민들에게는 상대적으로 힘든 작업이기 때문에 성사될 수 없었다.

37) 관광 경험은 일탈(逸脫) 체험, 장소 체험, 관계 체험으로 구성되는데(엄서호, 『관광도 기술이다』, 일조각, 2018), 현재의 농촌관광은 장소 체험 위주 서비스 만족이 목표인 반면, 코로나 확산 이후 여행 환경 변화 속에서는 관계 체험 위주 탈일상성 강화가 목표인 기능성 관광으로 전문화하는 것이 필요하다. 이제 농촌관광은 단순 농촌 체험에서 농촌 치유로 고도화함으로써 단순 방문객보다 충성도가 높은 관계 인구를 창출하는 데 집중해야 할 것이다.

경에는 최성준 위원장 교회 선배의 도움을 언급하지 않을 수 없다. 특히 2013년 수미마을의 365일 축제가 메기수염축제와 몽땅구이축제를 통해 완성되는 데 있어서 그분의 축제 네이밍 도움이 매우 컸기 때문이다. 사실 메기축제를 '메기수염축제'로 네이밍함으로써 주 방문객인 어린이 동반 가족 단위 방문객에게 친근감을 강화시킬 수 있었으며, 수확축제를 '몽땅구이축제'로 네이밍함으로써 상품 개발의 다양성 부여와 방문객 친화성을 가미할 수 있었다. 주변 여러 전문가들의 도움을 끊임없이 받을 수 있었던 최성준 위원장의 리더십이 주목받을 수밖에 없는 이유가 여기에 있다.

365일 축제 상시 운영의 의미

2007년 우리민박과 밤나무 숲 유원지를 중심으로 시작된 하천 물놀이, 밤 줍기, 비빔밥, 매운탕 식사 등이 수미마을 농촌 체험의 시작이었다. 이후 이헌기 추진위원장이 지역 후배들에게 밤나무 숲 유원지 사용권을 무상으로 양여하게 되었는데, 2009년 수미마을이 시설비 등 보상

수미마을의 가을철 몽땅구이축제
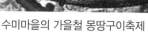

차원에서 500만 원을 지불하고 사용권을 회수한 시점부터 본격적으로 농촌 체험이 추진되었다. 2009년 최성준 위원장이 무급 사무장으로 일하게 되면서 기존 하천 중심 물놀이 체험에 인근 딸기 농장 체험과 찐빵 체험을 부가하여 상품을 개발하였고, 2010년 양평나들이가 주관하는 '양평군 사계절 축제'에 딸기 체험을 가지고 참여한 이후 빙어축제, 메기수염축제, 몽땅구이축제의 성공적 개최를 통해 365일 상시 체험 상품을 갖추게 되었다. 이에 따라 수미마을 방문객 수도 증가하였음은 물론이다.

수미마을 연도별 방문객 수

연도/항목	2009	2010	2011	2012	2013
연 방문객 수(명)	2,500	10,000	17,480	23,373	37,250
연 매출액(천 원)	58,000	250,000	375,000	594,495	1,075,172
객단가	23,000	25,000	21,453	25,435	28,860

365일 체험 상품은 크게 ① 소사장 중심 상시 체험 상품 ② 개별 농가 연계(체험지도사 인솔) 수미마을 직영 시즌별 체험 상품 ③ 수미마을 직영 식당(음식) 상품 ④ 수미마을 직영 숙박 상품 등 네 가지 유형으로 구성되었다. 여기서 수미마을 직영 식당과 숙박은 주민 일자리 창출을 최우선 목표로 농촌 체험 서비스의 보편성을 유지할 수 있도록 관리, 운영되었다. 반면에 소사장 상품과 개별 농가 연계 상품은 농촌 체험 서비스의 의외성과 차별성을 추구할 수 있도록 자율 경영을 보장하는 동시에 주민 행복 만들기 차원에서 일정액의 '행복기금'을 부과하였다는 점이 주목할 만하다.

수미마을 내 제공되었던 가족 단위 방문객을 위한 소사장 중심 365

일 상시 체험 상품은 수미찐빵·네 바퀴 체험(사륜 오토바이)·BM아이스크림·내 어머니의 정원(피자 만들기)·패밀리 팜(향초, 방향제, 모종 심어 가기, 달팽이, 장수풍뎅이)·트랙터 마차 등이 포함되었고, 시즌별로 운영되는 개별 농가 체험 상품은 딸기 체험 등이 있었다.

수미마을 365일 축제 상시 운영 체계 구축에는 가족 단위 체험객으로 구성된 블로거 역할도 빼놓을 수 없다. 양평농촌나드리 예산 지원으로 더푸른홈넷 신교진 대표가 '황소의 땅' 홍보를 위한 '100인의 기자단'이란 이름으로 블로거를 선발하여 운영해 오던 중 '양평나비와 관광두레 기자단'으로 개칭하는 시점에서 관리가 힘에 겨워 사실상 홍보 기능이 소멸되고 있었다. 이때 '황소의 땅'[38] 파워 블로거로 활동하던 '비운마음'이란 블로거에게 기자단 선정을 위촉하게 되었다.

이를 계기로 단지 파워 블로거가 아닌 진정성 있는 가족 단위 이용자를 블로거로 초대하게 되었다. 블로거로 무작위 선정되어 초대된 가족 단위 방문객에게는 전 가족 무료 풀패키지 체험권이 제공되었으며, 수미마을 방문 경험에 관해 글을 올리도록 주문하였다. 가족 단위 블로거 운용에 소요되는 경비를 전적으로 ㈜광장 운영비(매출액 10%)에 의존하다 보니 비용이 들어가는 일에 몰입하지 않게 되므로 수미마을 차원에

---

38) '황소의 땅'은 수미마을 지원이나 연계 사업 개발 대상지와 사업 주체를 칭하는 브랜드로서 신교진 대표와 최성준 위원장이 50%씩 공동 지분을 가지고 상표 등록하였고, 이후 2018년에는 노승환 이사도 참여해 법인화되었다. 한편 농업회사법인 ㈜광장은 최성준 위원장이 수미마을 관여 이전부터 인근에 관광 농원을 개발코자 설립된 회사로, 최 위원장이 수미마을 사무국장으로 고용되면서 수미마을 사업 기획은 물론 온라인 시스템 운영을 통한 수미마을 홍보와 예약을 맡게 됨으로써 영농조합법인 수미마을 조직화만으로는 미흡한 일들을 도맡게 된다.

서는 신교진 대표를 영농조합법인 수미마을 전문위원으로 임명해 수당을 제공하면서 가족 단위 블로거를 운용하였다. 가족 단위 블로거 운영은 수미마을 홍보, 특히 신상품 소개에는 매우 효과적이었다. 현재는 정기적으로 가족 단위 블로거를 선발 운용하기보다는 이벤트 형식으로, 비정기적으로 운용하고 있다.

2013년 여름 메기수염축제를 계기로 365일 상시 체험마을로 자리를 잡은 수미마을의 법적 근거는 도농교류법의 농촌체험휴양마을이지만 사업 형태는 농촌을 기반으로 한 관광지로서 '농촌 어메니티를 소재로 한 주민 주도형 테마 관광지'로 규정지을 수 있다. 수미마을이 테마 관광지로 불릴 수 있는 이유는 에버랜드나 민속촌과 같이 특정 테마를 가지고 시설과 서비스(체험)가 믹스되어 있으며, 주 이용 계층인 도시민들이 볼 때 농촌만이 가지고 있는 장점, 즉 농촌의 어메니티를 테마로 활용했다는 점이다. 그러나 에버랜드와 민속촌과는 달리 살아 있는, 살고 있는 농촌을 체험 관광 플랫폼으로 사용하고 있다는 점이 다르며, 또한 이러한 테마 관광지의 운영 주체가 그곳에서 살고 있는 주민들이라는 점에도 차별성이 있다고 볼 수 있다.

농촌체험휴양마을로서
수미마을 관리 운영의 정책적 시사점

모든 농촌체험휴양마을이 양평 수미마을과 같이 365일 상시 가동될 수 있을 정도의 방문객 수요를 창출하고 수용하기에는 위치·환경 등 물리적 여건상, 그리고 주민 역량상 불가능하다고 이야기할 수 있다. 전국적으로 1천여 개 이상 농촌체험휴양마을이 지정되어 있지만 평균적으로 볼 때 연간 방문객 수 1만 명, 객단가 1만 원, 연간 수입 1억 원 수준에 머물고 있는 실정이다. 개별 체험휴양마을의 여건과 역량이 천차만별임에도 불구하고 중앙정부의 농촌체험휴양마을 육성 방향, 특히 인력양성 방향은 마을별 여건과 역량을 감안하지 않고 수미마을식 365일 상시 운영을 목표로 하고 있는 것 같아 보인다.

농촌관광이 우리보다 후발 주자인 중국[39]이 철저히 시장 중심적 정책을 지향했던 반면에, 우리나라는 시장 확보는 고려함 없이 자연 환경이 뛰어나거나 사업 참여 의지가 강한 마을들을 대상으로 농촌관광 도입을 추진한 공급자 위주 정책 접근이었다. 관광사업의 기본 요건인 수요 창출보다는 공급 여건에 포커스를 두고 추진된 농촌체험휴양마을사업은 결국 일부 마을만 경제적 지속 가능성이 보장될 뿐, 상당수 마을은 단체 방문객 예약 중심으로 부업 차원에서 유지할 정도이므로 수익 창출도 어렵고, 서비스 질도 떨어지는 상태다.[40] 특히 최근 코로나19 이후

---

39) 중국의 농촌관광 도입 시 접근 방식은 첫째가 대도시 주변 마을 중 대상지를 선정하고, 둘째는 유명 관광지 주변 마을을 대상지로 선정하는 시장 중심적 농촌관광 정책을 시행하였다. 이처럼 농촌관광도 관광산업의 한 유형으로서 수요 확보가 우선되어야 하므로 시장 창출이 용이한 대도시 주변과 유명 관광지 주변 마을을 1차 농촌관광 정책 대상지로 설정한 것은 공급자 위주의 우리나라 농촌관광 접근과 다른 진일보한 정책이었다고 평가된다.

40) 한국농어촌공사 자료에 의하면 2019년 현재 1천115개 농어촌체험휴양마을 중 연간 방문객 수가 1천 명 미만인 마을은 27%인 301개 마을이고, 연간 매출액이 3천만 원 미만인 마을은 43%인 481개 마을로 나타났다. 기초 지자체가 농촌체험휴양마을 지정을 담당하고 있는데, 식당이나 숙박업 진출 우회 수단으로 지정 신청하는 경우도 있으며, 지정 후 시군이 적극적으로 관리하기도 쉽지 않아 방문객이 하나도 없는 마을도 186개나 되는 실정이다.

단체 중심 여행이 가족 단위 여행으로 바뀌는 상황에서 체험휴양마을 운영은 더욱 어려워질 것으로 전망되므로 기존과 차별화된 지원 정책이 요구된다.

전국 농촌체험휴양마을 평균 운영 실적인 연간 1만 명 이상 방문하거나 연 매출 1억 원 이상 마을은 대체로 여건과 역량이 갖추어져 있다고 평가된다. 그러므로 이들 마을과 더불어 상기 기준에 못 미치더라도 사업 참여를 원하는 마을들을 대상으로 관광 기술을 차별적으로 적용해 집중 육성하고, 나머지 마을들은 출구 전략을 모색하도록 점진적으로 유도하는 것이 바람직하다.

도시민 농촌관광 수요에 대한 체험휴양마을 수용 태세를 주민들의 농촌관광사업 관여 수준에 따라 전업·겸업·부업 관광마을로 세분화해 체험휴양마을을 분류한 후, 각 유형별로 목표를 설정해 차별적으로 지원 육성하는 방안을 다음과 같이 제안할 수 있다.

첫째, 1천여 개 이상 되는 체험휴양마을 중 10% 이내는 양평 수미마을과 같이 365일 농촌 체험이 상시 가능한 '전업 관광 농촌 테마 관광마을'로 육성할 필요가 있다. 이 경우 수요 창출을 위한 마케팅 마인드는 물론, 마을 수입이 주민에게 투명하게 공개·배분되는 시스템 구축이 필수적이다. 마치 민간기업이 운영하는 리조트나 콘도미니엄과 같이 상시 체험 가능한 농촌체험휴양마을로 발전하기 위해서는 현재 수미마을이 지금까지 시행착오를 거듭하며 축적해 온 관리 운영 기술부터 벤치마킹해야 한다. 수요자 대상 마케팅 노하우, 리더십, 주민 참여 촉진과 갈등 해소, 주민 행복 증진 위한 정관 제정 등 상생 기술, 투명한 소득 분배와 효율적 경영 관리를 위한 의사 결정 시스템 구축 등이 바로 그것이다. 농촌체험휴양마을로서 수미마을 성공 요인을 구체적으로 도출하고 사례를 들어 설명함으로써 전업 관광을 목표로 하는 농촌체험휴양마을에 확실한 가이드라인을 제시하고자 했던 것이 바로 수미마을 이야기를 책으로 펴낸 주된 목적이라 할 수 있다.

둘째, 연 매출 1억 원대 체험휴양마을 중 전업 관광을 지향하는 마을을 제외한 나머지 마을들은 365일 상시 체험이 가능한 입지적 여건과 인적 자원을 보유하고 있지 못하므로 전업으로 농촌관광에 몰두할 수는 없다. 그러나 그동안 체험휴양마을로서 도시 수요자 접객 경험을 바탕으로 해당 마을이나 인근에서 생산된 농산물(가공품 포함) 브랜딩(선호도와 인지도 상승) 차원에서 농촌 체험 프로그램을 활용하는, 소위 겸업 관광으로써 '농촌융복합사업마을'로 점진적인 전환이 요구된다. 농촌 체험이나 민박을 통해 구축된 농민들과 방문객들 간의 친밀도는 그곳에서 생산한 농산물의 신뢰성 제고까지 이어지는 경우가 대부분이기 때문이다. 이러한 유형의 마을들이 수미마을과 같은 상시 체험 전업 관광 유형으로 발전하기에는 제반 여건과 역량이 상대적으로 부족하다는 것을 스스로 깨우칠 수 있도록 수미마을이 어렵게 겪어 온 시행착오 과정을 상세히 설명하는 것도 본 책의 또 다른 목적이라 할 수 있다.

셋째, 연 매출 1억 원대 이상 되는 농촌체험휴양마을이나 그 이하 되는 마을 중에서라도 전업 관광마을과 겸업 관광마을을 지향하는 곳들은 제외하고, 현재 상황대로 농촌다움 그대로를 유지하면서 도시민 일상 회복을 위한 부업 관광으로써 '농촌생활여행마을'로 발전하고자 하는 마을도 적극적인 지원이 필요하다.[41] 이를 위해서는 무엇보다도 농촌의 인심, 즉 농심 회복과 농촌 경관 개선 등 농촌다움 복원이 필수다. 다른 전업 관광마을 또는 겸업 관광마을과 마찬가지로 코로나19 이후 특히 청결, 위생, 안전이 우선적으로 보장되어야 함은 물론이다. 이러한 접근은 1차 산업에 익숙한 농민들이 지금까지 몸에 맞지 않는 농촌관광 서비스라는 옷을 입었던 것과는 달리, 현재 모습대로 그대로 농사를 주업으로 하면서 도시민에게는 생소한 농촌 환경과 농업, 전통문화를 기반으로 도시민들의 일상 회복을 돕는 농촌 치유를 부업으로 추진하는 것을 의미한다.

　지금까지 농촌을 찾는 방문객은 도시민의 관점에서 농촌을 체험하는 것이 전부였던 반면, 농촌 생활여행의 경우는 도시민이 가능하면 농촌 주민의 눈높이에서 생활할 수 있도록 주민들이 적극적으로 도움으로써 농촌 체험보다 훨씬 강도가 높은 일상 회복, 즉 농촌 치유를 경험하게 할 수 있다. 여기서, 농촌 주민이 호스트로서 게스트인 도시민들이 마치 외갓집에 온 것같이 편안한 느낌을 가질 수 있을 정도로 배려하는 것이 중요하다. 지금까지 농촌관광에 있어서 강조되어 왔던 체험 시설과 프로그램보다는 주민과의 관계가 더 중요하다는 의미다. 농촌관광 여건과 역량은 미흡하면서도 수미마을식 전업 관광을 추구하는 것보다는 현

---

41) '여행(Travel)'은 여러 가지 목적으로 집을 떠나 타 지역을 방문하고 귀가하는 인간 행동이라 정의되는 반면, 여행이 집단화되고 대중화됨으로써 이를 수용하고 촉진하는 숙박·교통·정보 안내·관광자원 등의 시스템이 구축될 경우 '관광(Tourism)'이라고 정의한다. 생활여행은 아직도 소수의 행동으로만 나타나고 있으며, 문화체육관광부가 기초 지자체 생활관광 지원사업을 2019년에 시작했지만 아직도 관광 시스템으로 구축되지는 못하고 있기 때문에 '생활관광'이라 칭하지 않았다.

상태를 유지하면서 있는 그대로 모습을 구슬 꿰듯이 엮어 내는 부업 관광, 농촌생활여행마을을 지향하는 것이 보다 현실적이고 지속 가능한 것임은 당연하다.

최근 제주도 한달살이, 템플 스테이, 해병대 캠프, 강진 푸소체험과 같이 '현지인 되기 생활여행'이 관광 트렌드로 대두되고 있는 시점에서, 그리고 근거리·저밀도·가족 단위 여행이 포스트 코로나 여행 패턴으로 등장하는 상황에서 '농촌 주민 돼 보기' 생활여행은 체험휴양마을 활성화를 위한 새로운 타깃 수요다. 농촌 생활여행은 기존의 서비스 지향 농촌 체험에서 기능성 농촌 치유로 발돋움하기 위한 농촌관광 고도화 수단이며, 농촌 체험과 귀농·귀촌의 중간 단계를 지향한다고 볼 수 있다.[42] 과거 5도 2촌 운동으로 시작된 경기도 클라인가르텐 사업의 실패 요인 중 하나가 현지 주민과의 관계 형성 미흡으로 파악되고 있다. 이를 개선하기 위해 현지 주민과 생활 여행자 간의 멘토제 운영을 강화하는 것과 더불어 빈집을 활용한 숙박 시설 확충이 절대적으로 필요하다.

부업 관광으로서 농촌 생활여행은 전업 관광이나 겸업 관광을 수행할 여건과 역량이 미흡한 마을에서 가능하기도 하지만 수미마을과 같이 전업 관광 위치가 확고한 마을도 시장 다변화 전략으로 생활여행 사업을 추진할 수도 있을 것이다. 현재, 수미마을에서도 경기도 클라인가르텐 사업으로 조성된 숙박 시설 5동을 포함해 25동으로 텃밭과 숙박 시

---

42) 향후 우리나라 농촌의 과제 중 하나는 주민등록 인구보다는 관계 인구를 증대하는 것이다. '관계 인구'란, 해당 농촌 출신 도시 거주자·해당 농촌 농산물 구매자·체험 관광 방문자·농촌 생활여행자 등을 지칭하며, 이들의 범위는 내국인뿐만 아니라 외국인까지도 포함할 수 있다. 농촌관광사업의 유형으로 농촌생활여행마을에서는 생활여행자를 준주민 형태로 관계를 구축함으로써 그들의 친지들까지도 관계 인구로 끌어들일 수 있을 것이다.

1차 클라인가르텐 5동 전경

2차 클라인가르텐 20동 전경 및 텃밭

설을 연계한 '양평살이' 생활여행을 주도하고 있다.

　전업 관광, 수미마을의 양평살이와 경쟁하면서 부업 관광으로서 농촌 생활여행이 살아남기 위해서는 도시민과 농촌 주민 간의 진정성 있는 관계 구축이 절대적으로 중요하다. 도시민 일상 회복, 농촌 치유의 성공 비결은 바로 농촌다움의 핵심, 농심에서 비롯된 농촌 주민의 포용력에 달려 있기 때문이다. 본업이 아니고 부업인만큼 수입 목표를 낮추어 잡고, 제반 여건과 역량에 합당한 수준에서 도시 방문객을 준주민으로 관계 유지할 수 있다면 성공적이라 할 수 있다. 왜냐하면 그러한 관계를 바탕으로 다양한 형태의 양방향 도농 교류가 지속될 수 있기 때문이다. [43]

　한편, 농촌체험휴양마을의 평균적 성과에도 못 미치는 체험마을들을 대상으로는 점진적으로 출구 전략을 모색하는 것도 반드시 필요하다. 이러한 관점에서 보면 수미마을의 365일 축제 이야기는 마을 단위 농촌관광이 가야 할 방향의 하나를 제시함과 동시에 365일 상시 체험 가능한 농촌체험휴양마을은 어느 마을이나 여건과 역량 고려 없이 추진해서는 안 되며, 추진할 수도 없다는 점을 동시에 깨닫게 하는 설득력 있는 사례 중 하나라 할 수 있을 것이다.

---

43) 지속 가능한 도농 교류는 도시민과 농촌 주민 쌍방에 실질적 편익을 줄 수 있을 경우만 가능하다. 도시민의 일방적 이해와 기여만 요구하는 도농 교류는 오래가지 못한다. 농촌 생활여행은 도시민에게는 일상 회복의 기회를, 농촌 주민에게는 체험 소득은 물론 관계 유지를 통한 농산물·가공품 판매, 삶의 활력 부여 등 다양한 편익을 제공함으로써 지속 가능한 도농 교류를 가능케 할 것이다.

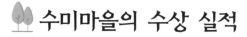

수미마을의 수상 실적

대한민국 농촌마을 대상
농촌마을 부문 '대통령상' 수상

　수미마을은 지속적인 발전을 거듭하며 2013년 농촌 마을을 대상으로 하는 가장 권위적인 상을 수상하게 된다. '대한민국 농촌마을 대상'이 그것인데, 2013년 3회째를 맞는 대한민국 농촌마을 대상에서 '대통령상'을 수상하였다.

　대한민국 농촌마을 대상은 '함께하는 우리 농촌 운동'을 촉진하기 위해 2011년 처음 제정되었다(농림부 보도 자료, 2011년 12월 22일). 당시 농림수산식품부는 '함께하는 우리 농촌 운동'의 핵심 목표인 '색깔 있는 마을' 만들기에 기여한 마을, 리더 등을 포상하는 '2011 대한민국 농촌마을 대상'을 처음으로 시상하였다. 당시 농식품부는 2012년부터는 '색깔 있는 마을' 시상 분야를 농어업, 유통·가공, 도농 교류 및 삶의 질 등으로 구분하여 시상하였다. 대한민국 농촌마을 대상이 농촌 활력 증진에 적극 기여하도록 정부 관련 포상을 통합·조정하는 등 계속적으로 발전시켜 나갈 계획이라고 하였다.

수미마을 대표로 대한민국 농촌마을 대상 대통령상을 수상한
이헌기 전 위원장(가운데)

제3회 대한민국 농촌마을 대상 대통령상을 수상한 수미마을 사람들

수미마을은 2012년부터 대한민국 농촌마을 대상에 지원하여 2013년에 농촌마을 부문 '대통령상'을 수상하였다.

대한민국 농촌마을 대상은 2011년 제정된 이후 농촌 마을이 받을 수 있는 최고의 상이었다. 수미마을은 2012년과 2013년 두 차례 지원하여 2013년에 당당히 대통령상을 수상하였다.

'제3회 대한민국 농촌마을 대상 대통령상' 수상한 수미마을의 보도 기사

수미마을은 2013년 메기수염축제와 빙어축제 등 1년 365일 다채로운 프로그램으로 전국 최고의 농촌체험마을에 선정됐다.

수미마을은 농림축산식품부가 17일 오후 대전 유성구 도룡동 ICC호텔에서 이동필 장관과 각급 기관·단체장, 주민 등 3천여 명이 참석한 가운데 개최한 제3회 대한민국 농촌마을 대상 수상식에서 영예의 대통령상을 수상하고 상금 5천만 원을 받았다.

농림축산식품부는 공동체 활성화와 마을 발전에 차별화된 성과를 낸 농촌체험마을들을 선정, 적극 지원키 위해 전국에서 운영되고 있는 농촌체험마을들을 대상으로 △색깔마을 △깨끗한 농촌 마을 △경관이 아름다운 마을 △중심지 활성화 등으로 나눠 엄정하게 심사, 유·무형의 자원을 특색 있게 활용해 농촌 활성화에 성과를 낸 색깔 있는 마을인 수미마을을 최우수 농촌체험마을로 선정했다.

시상식에 앞서 열린 식전 공연에선 전통 무용과 판소리, 창, 사물놀이 등의 공연들이 펼쳐졌다.

이헌기 수미마을 대표는 "앞으로도 전국에 내놓아도 손색없는 다양한 농촌 체험 프로그램들을 기획하고 도시인들이 늘 편하게 쉬고 즐길 수 있는 공간으로 만들기 위해 주민들과 최선을 다하겠다."고 말했다. ─《경기일보》, 2013. 12. 17

두근두근 농촌 여행 캠페인
'대통령상' 수상

2016년 농림축산식품부와 한국농어촌공사가 주관한 '두근두근 농촌 여행' 캠페인에서 수미마을의 최성준 위원장이 대통령 표창을 받았다.

2016년 대통령상을 수상한
최성준 위원장

'대통령상'을 수상한 최성준 위원장의 보도 기사 ─────────

양평군은 농림축산식품부와 한국농어촌공사 주관의 '두근두근 농촌 여행' 캠페인에서 양평 수미마을의 최성준 위원장이 대통령 표창을 수상하는 영예를 안았다고 11일 밝혔다. 최성준 위원장은 서울 청계광장에서 열린 2016년 도농 교류의 날 기념 농촌여름휴가 캠페인에서 그간 도농 교류에 기여한 공로를 인정받아 대통령 표창을 수상했다. 최 위원장은 지난 2010년 농촌체험휴양마을로 지정받은 후 마을 주민의 화합과 결속을 통해 지역을 대표하는 체험마을로 자리매김할 수 있도록 노력한 점을 인정받았다. 수미마을은 ▲딸기축제(봄) ▲메기수염축제(여름) ▲몽땅구이축제(가을) ▲빙어축제(겨울)의 네 가지 테마로 사계절 내내 축제를 열고 있다. ─《인천일보》, 2016. 7. 11

행복마을 만들기 콘테스트
'장관상' 수상

　수미마을이 2013년 제3회 대한민국 농촌마을 대상 대통령상을 수상한 이듬해인 2014년, 농림축산식품부는 '행복마을 만들기 콘테스트'를 개최하기 시작하였고, 수미마을은 2017년 제4회 행복마을 만들기 콘테스트에서 '장관상'을 수상하였다.

　독일에서는 1961년부터 "우리 마을에 미래가 있다"라는 슬로건 아래 농촌 마을 콘테스트를 실시하여 선의의 경쟁을 통해 지속 가능한 우수 마을 만들기를 진행하고 있었으며, 독일 외에 다양한 농촌 정책을 추진하는 유럽국가들도 마을 만들기 콘테스트 및 우수 마을 선정 제도를 진행하고 있었다. 농림축산식품부는 한국에서도 그러한 취지를 살려 2014년부터 '행복마을 만들기 콘테스트'를 개최하여 마을 스스로 경쟁력을 갖추어 나갈 수 있는 기회를 제공하기 시작하였다.

　농림축산식품부는 주민과 지자체가 콘테스트 참여를 통해 지역 발전

2017년 제4회 행복마을 만들기 콘테스트 장관상을 수상한 수미마을

과 주민 삶의 질 개선을 위한 마을 간 선의의 경쟁 및 농촌 공동체 활성
화를 도모하기 위한 행사로 '농업 소득의 보전에 관한 법률'에 근거하여
2014년 이후로 현재까지 '행복마을 만들기 콘테스트'를 개최하고 있다.

'제4회 행복마을 만들기 콘테스트 장관상' 수상한 수미마을의 보도 기사

단월면 수미마을과 강상면 병산 2리가 지난 15일 농림축산식품부가
주관한 '제4회 행복마을 만들기 콘테스트'에서 수상했다.

대전 KT인재개발원에서 개최된 콘테스트는 전국 2700여 개 마을이
참여해 시도 예선과 현장 평가를 거쳐 최종 평가에 20개 마을이 진출
해 경합을 벌였다. 수미마을은 수도권에 인접한 지역적 특성을 활용
해 365일 계절별 축제와 차별화된 체험 프로그램 등으로 높은 소득
을 올려 소득 체험 분야에서 농림축산식품부장관상 동상을 수상해
상금 1000만 원을 받았다. '제4회 행복마을 만들기 콘테스트'에 참가
한 수미마을, 병산 2리 주민들이 수상 후 기념 촬영을 하고 있다.

병산 2리 마을은 클린 365점검단 등 12개 활동 단체가 백병산 탐방로
6개 코스 개발, 주변 산책 코스 조성, 마을 꽃길 만들기 등 마을 정화
활동을 펼친 점이 높은 점수를 받아 농촌 만들기 분야에서 농식품부
장관상 입선과 상금 700만 원을 수상했다.

행복마을 만들기 콘테스트는 주민 주도의 마을 만들기 우수 사례를
시상하는 대회로, 마을 공동체의 자율적이고 창의적 활동을 장려하
고, 그 성과를 확산하기 위해 2014년부터 실시하고 있다. 청운면 여
물리 마을(소득·체험 분야)과 용문면 조현리 마을(문화·복지 분야)
이 '제1회 행복마을 만들기 콘테스트'에서 각각 대통령상(금상, 은상)
을 수상한 바 있다. ─《양평시민의 소리》, 2017. 9. 21

수미마을의 공간 변화

2005년 이전의 시설물 배치

봉상 2리는, 2005년 이전에는 서울에서 강릉으로 가는 경강로가 지나
간다. 흑천을 지나는 봉상교가 있었고, 수미길·골안길·터골길·수미들
길·다리네길·곱다니길이 있었다. 수미길에는 공동 상수도가 있었고, 다
른 길에는 없었다.

2005년 이전에 수미마을에는 102개의 사용 승인된 건축물이 있었다.
수미길 쪽에 가장 많은 38개가 있었으며, 마을회관이 있었다.

2005년 이전의 수미마을 건축물 수

전체	수미길	골안길	대낭골길	터골길	수미들길	다리네길	곱다니길
102	38	5	7	26	7	5	13

주요 건축물은 다음과 같다. 수미길에는 봉상 2리 마을회관·봉상교
회·주유소, 골안길에는 미륵사·각원사라는 사찰이 있었고, 수미들길 마
을에는 축사·오렌지 하우스·우리민박, 다리네길에는 레인보우펜션, 곱
다니길에는 산들네펜션·도토리골펜션 등이 있었다.

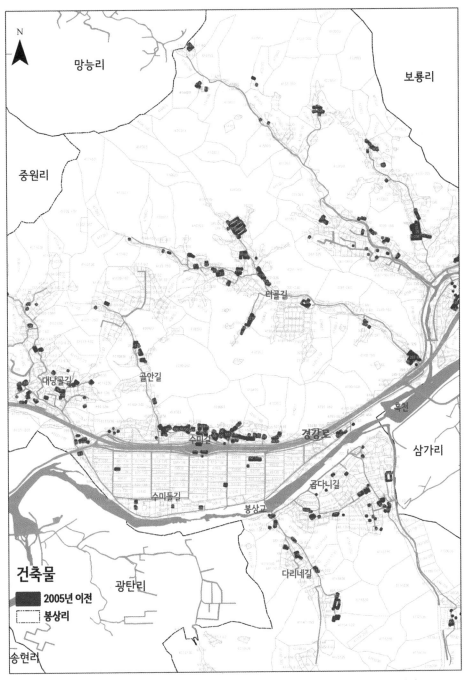

2005년 이전 수미마을의 시설물

2005~2010년의 공간 구조 변화

2005~2010년에는 42개의 건축물이 새로 사용 승인을 받았으며, 수미마을 체험장이 있는 곱다니길 주변이 13개로 가장 많이 증가 하였다.

2005~2010년 수미마을 신규 건축물 수

· 전체	수미길	골안길	대낭골길	터골길	수미들길	다리네길	곱다니길
42	8	3	11	3	4	0	13

이 시기에 새로 생긴 주요 건축물은 다음과 같다. 수미길에는 2007년에 마을회관과 체험관이 신축되었다. 마을회관은 여느 농촌 마을과 마찬가지로 새마을회·노인회·부녀회·대동회가 사용하였고, 체험관은 녹색농촌체험마을 추진위원회의 사무실, 외지인 방문객을 유치하기 위한 식당·숙박 등 용도로 사용하였다. 대낭골길에는 도예공방 '이룸', 터골길에는 양계장, 수미들길에는 축사·오렌지 하우스·우리민박, 곱다니길에는 단하원펜션·밤나무 숲 유원지 등이 새로 입지하였다.

녹색농촌체험마을 추진위원회는 밤나무 숲 유원지와 흑천 주변에서 농촌 체험 프로그램 운영을 주로 하였다. 2009년에는 단하원펜션을 주소지로 농업회사법인 ㈜광장이 설립되었다.

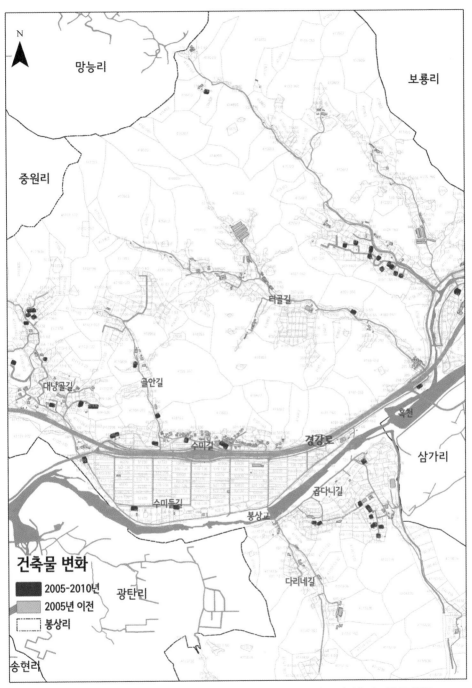

2005~2010년 수미마을의 건축물 변화

2010~2015년의 공간 구조 변화

이 시기에 마을 내 기반 시설은 크게 확충되었다. 대낭골길에는 마을 안길이 확장되었다. 수미들길에서 다리네길을 연결하는 봉상교가 버스가 들어올 수 있도록 확장되었다. 곱다니길에는 2010년 공동 상수도가 설치되었다. 도토리골에는 2013년에 사방댐 축조와 임도가 개설되었다. 봄부터 겨울축제에 이르기까지 체험사업이 확대되면서 도토리골 이용이 많아졌으며 통신주를 신설, 3상 전기로 증설하게 되었다.

2010~2015년 기간에는 53개의 건축물이 새로 사용 승인을 받았으며, 대낭골길에 28개로 가장 많은 증가가 있었다.

2010~2015년 수미마을 신규 건축물 수

전체	수미길	골안길	대낭골길	터골길	수미들길	다리네길	곱다니길
53	1	4	28	2	5	1	12

수미길 체험관의 녹색농촌체험마을 추진위원회는 '수미마을 운영위원회'로 명칭을 변경하였고, '영농조합법인 수미마을'이라는 마을 기업을 설립하였다. 수미들길에는 생생 딸기 체험장이 생겼고, 우리민박은 수미찐빵 체험장으로 업종을 변경하여 운영하였다. 곱다니길에는 2011년 체재형 주말농장 물빛누리 건물 5동을 신축하였다. 귀농 귀촌을 원하는 도시민들에게 건물(40m²)과 텃밭(165m²)을 제공하여 5일은 도시에서 생활하고, 2일은 농촌 생활을 경험해 볼 수 있도록 하여 봉상 2리 새마을회에서 운영하였다. 2012년에는 수미마을에서 체험객들이 오면 식사를 제공하는 식당 1개소와 편의 시설인 화장실·샤워장 1개소를 신

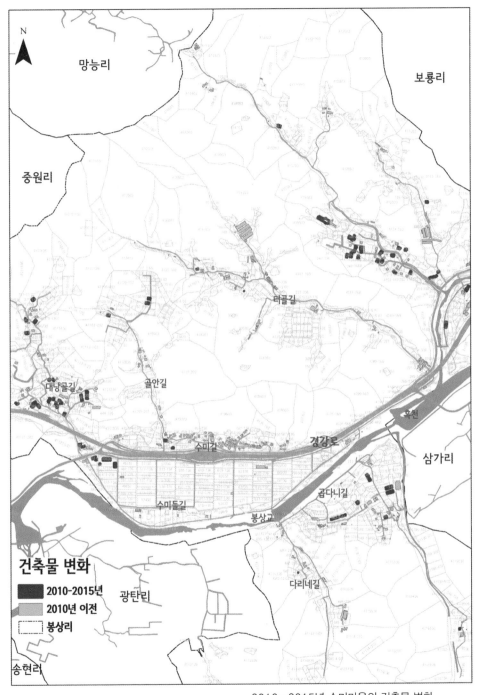

2010~2015년 수미마을의 건축물 변화

축하였다. 밤나무 숲에는 '고소한 캠핑의 밤'이라는 캠핑장을 조성하였다. 도토리골의 사방댐과 임도는 평상시에는 산불 예방이나 산사태 예방을 위한 목적으로 사용되었지만, 겨울이 되면 빙어 낚시와 눈썰매장으로 운영되어 체험 소득 사업 공간으로 활용하였다.

2015년 이후의 공간 구조 변화

터골길에는 7개의 건축물이 신축되어 터골 진입 도로를 포장하였다. 골안길에는 산골짜기 능선에 5개의 건축물을 신축하였고, 마을안길에서 신축된 건축물에 연결되는 사도가 신설되었다. 곱다니길의 가구 수가 늘어남에 따라 물 공급이 부족하여 공동 상수도가 추가로 개설되었다. 양동교를 지나 삼가리 초입에서 곱다니길로 용이하게 들어올 수 있도록 도로를 포장하였다. 도토리골에서 다리네골 안쪽으로 연결되는 임도가 개설되었다.

2015년 이후에는 58개의 건축물이 새로 사용 승인을 받았으며, 체험 사업장이 있는 곱다니길에서 23개로 가장 많은 증가가 있었다.

2015년 이후 수미마을 신규 건축물 수

전체	수미길	골안길	대냥골길	터골길	수미들길	다리네길	곱다니길
58	4	7	11	7	2	4	23

새로 생긴 건축물은 다음과 같다. 대냥골길에는 11개, 터골길 7개 등은 귀농 귀촌 목적으로 은퇴한 도시민들이 이주하였고, 경강로 6번 국

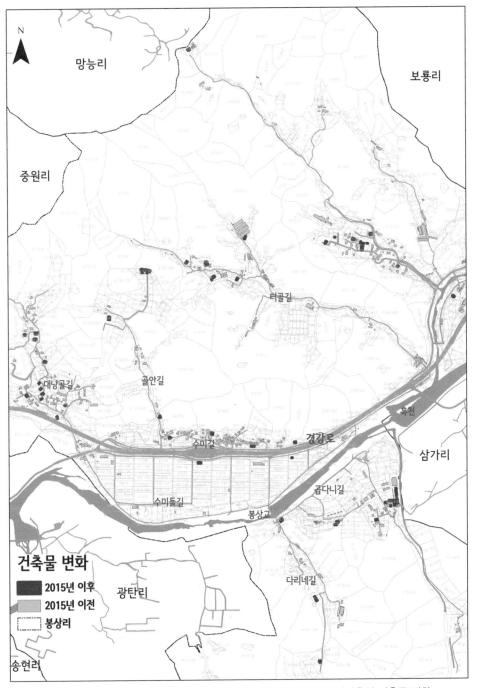

망능리

보룡리

중원리

터골길

대낭골길

골안길

흑천

삼가리

수미길

경강로

곱다니길

수미들길

봉상교

건축물 변화

■ 2015년 이후
▨ 2015년 이전
⬚ 봉상리

광탄리

다리네길

송현리

2015년 이후 수미마을의 건축물 변화

도 변에는 수미마을 가공 공장 1개가 신축되었다. 다리네길의 레인보우펜션은 '1469펜션'으로 상호를 변경하였고, 1469펜션 건너편에는 건축물 1개 동을 신축하였다. 다리네길 안쪽에 귀농 귀촌한 은퇴 부부가 건축물 1개 동을 신축하였고, 사도가 개설되었다. 곱다니길에는 2016년 체재형 작은 텃밭 건물 20개 동을 신축하였다. 귀농 귀촌을 원하는 도시민들에게 건물(20m²)과 텃밭(99m²)을 제공하여 5일은 도시에서 생활하고, 2일은 농촌 생활을 경험해 볼 수 있도록 하여 마을법인인 영농조합 수미마을에서 운영하였다.

또한 2016년 수미마을 방문객 센터 건축물 1개 동을 신축하였고, 체험객 숙소·방문객 안내·세미나장으로 활용하였다. 도토리골에는 도토리골펜션 5개를 신축하였다.

시설물 배치와 마을 공간 문제

2005년 이전의 수미마을은 수미길과 터골길이 가장 건축물이 많은 마을의 중심이었다. 그러나 10년이 지난 현재는 서울 등 외지에서 가장 많이 이주해 온 대낭골길과 농촌체험사업장이 있는 곱다니길이 수미마을의 중심 지역이 되었다.

마을 내 건축물은 한곳으로 집중화되지 않고 전체적으로 수미길, 대낭골길, 곱다니길에 분산되는 모습을 보이고 있다. 골안길과 대낭골길은 골짜기 깊숙이에 건축물들이 새로 신축되고 있다. 농촌에서 흔히 보이는 건축물의 분산 입지다. 이는 향후 경관 훼손, 도로·상수도 등 공공

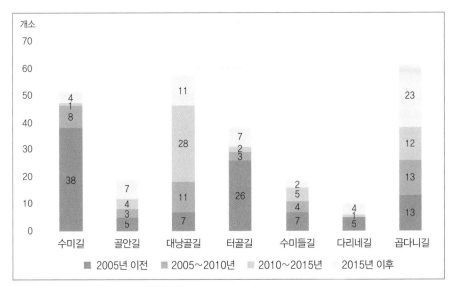

수미마을의 건축물 수 증가

서비스의 공공 효율의 저하 등 문제를 야기할 수 있으므로 공간 재활용을 지속적으로 추진해야 할 것이다.

6

수미마을의 미래, 행복한 수미마을 만들기

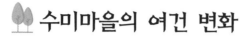 수미마을의 여건 변화

수미마을의 인구 고령화

한국의 65세 이상 고령 인구 비율은 2020년 15.7%에서 2040년에는 32.4%, 2060년에는 40%를 넘어갈 전망이다. 농촌의 경우에는 2020년에 고령 인구 비율이 24%를 상회하는 것으로 나타나 있어 농촌의 고령화 현상은 더욱더 심화될 것이다. 이러한 추세가 지속된다면 농촌 지역은 활력을 잃게 될 수밖에 없다.

수미마을(봉상 2리)의 경우, 최근에 인구가 다소 증가하고 있는 것은 긍정적인 측면이라 할 수 있지만, 고령화 추세는 다른 지역과 크게 다르지 않을 것으로 분석되었다.

봉상 2리 2020년 인구 구조를 살펴보면 0~14세 3.9%, 15~64세 61.9%, 65세 이상 고령화 인구 비율은 34.3%에 이르고 있다. 이러한 고령화 비율은 한국 농촌 전체의 고령화 비율보다 10% 이상 상회하는 것으로 나타났다.

코호트 생잔율법[44)에 따라 수미마을의 인구수를 추정해 보면 2040년 인구수는 현재 인구수 362명(215호)보다 68명 정도가 증가한 430명이며, 15.8%가 증가하는 것으로 나타났다. 같은 기간 동안 연평균 인구 증가율은 0.8% 수준인 것으로 추정되었다. 지난 10년간 인구가 다소 증가한 결과가 반영된 것이라 할 수 있다.

인구수가 다소 증가한 반면에 0~14세까지의 인구 비율은 2020년 3.9%에서 2024년에는 4.9%로 큰 차이가 없을 것으로 전망되었으며, 인구수는 20명 정도로 절대수가 적은 것으로 나타났다.

15~64세의 경제활동인구 비율은 2020년의 61.9%에서 28.1%로, 절반 이하 대폭 감소할 것으로 추정되어 젊은 계층의 수미마을 전입 및 정착을 위한 다각적인 노력이 무엇보다도 중요한 과제임을 나타내 주는 지표임을 알 수 있다.

또한 65세 이상 고령 인구 비율은 2020년 34.3%에서 2040년에는 2배가 넘는 67.0%에 이르는 것으로 분석되었다. 점차 고령화가 심화되고 있으며, 주민 수 다수를 차지하고 있는 노년 인구를 위한 복지 증진 노력과 함께 최소한의 생활이 가능한 일자리 창출을 위한 방안이 마련되어야 한다. 다행히 수미마을에 행복위원회가 구성되어 있고, 행복기금이 조성되고 있어 이를 바탕으로 체계적인 준비를 해 나갈 계획을 갖고 있다.

---

44) 코호트 생잔율법에 의한 인구 추정은 코호트를 성별로 5세 간격으로 하여 자연적 증감과 사회적 증감 요인을 고려하여 분석하는 방법이다. 자연적 증감은 출산력과 연령별 생잔율을 고려하고, 사회적 증감은 분석 기준 연도의 과거 5년간 전출입 인구 비율을 5세 간격별로 분석해 반영하여 미래의 인구를 5년 간격으로 추정하는 것이다.

봉상 2리 2020년 및 2040년(추정) 인구수 비교

2020년 인구수				2040년 추정 인구수			
연령별	남	녀	계	연령별	남	여	계
0-4	1	1	2	0-4	6	6	12
5-9	3	3	6	5-9	4	3	7
10-14	3	3	6	10-14	1	1	2
15-19	3	4	7	15-19	0	1	1
20-24	3	7	10	20-24	0	2	2
25-29	6	4	10	25-29	1	10	11
30-34	5	3	8	30-34	2	15	17
35-39	13	4	17	35-39	3	12	15
40-44	9	7	16	40-44	4	3	7
45-49	14	11	25	45-49	7	3	10
50-54	13	16	29	50-54	7	2	9
55-59	14	17	31	55-59	16	5	21
60-64	36	35	71	60-64	18	10	28
65-69	24	21	45	65-69	21	22	43
70-74	16	14	30	70-74	20	33	53
75-79	13	18	31	75-79	26	42	68
80-84	4	8	12	80-84	33	54	87
85 이상	3	3	6	85 이상	18	19	37
계	183	179	362	계	187	243	430

* 주) 인구 추정에 활용된 2015~2020년간 사회적 전출입률은 2016년에 용문면 광탄리로 편입된 봉상 2리 3반의 인구수(일부)를 고려하여 분석함.

2020년 봉상 2리 인구 구조 현황

연령별	남	여	계	비율
0-14세	7	7	14	3.9%
15-64세	116	108	224	61.9%
65세 이상	60	64	124	34.3%
합계	183	179	362	100.0%

2040년 봉상 2리 인구 구조 추정

연령별	남	여	계	비율
0-14세	11	10	21	4.9%
15-64세	58	63	121	28.1%
65세 이상	118	170	288	67.0%
합계	187	243	430	100.0%

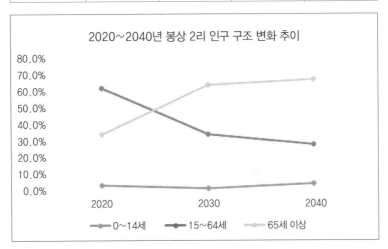

봉상 2리 인구 구조 변화 예측

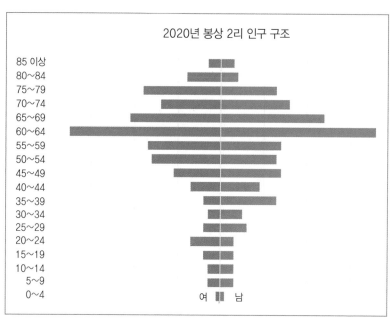

2020년 봉상 2리 인구 구조

85 이상
80~84
75~79
70~74
65~69
60~64
55~59
50~54
45~49
40~44
35~39
30~34
25~29
20~24
15~19
10~14
5~9
0~4

여   남

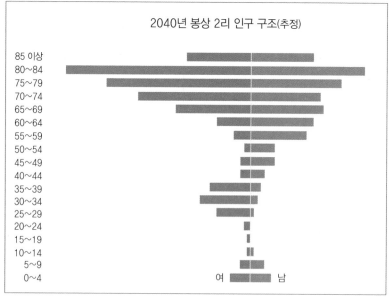

2040년 봉상 2리 인구 구조(추정)

85 이상
80~84
75~79
70~74
65~69
60~64
55~59
50~54
45~49
40~44
35~39
30~34
25~29
20~24
15~19
10~14
5~9
0~4

여   남

2020년 및 2040년 봉상 2리 인구 구조 비교

농촌관광 환경의 변화

농촌관광의 패러다임 변화

농촌관광은 단체 중심 체험에서 소규모 단위의 가족 중심 체험으로 바뀌고 있다. 또한, 그동안은 농촌 체험 프로그램 수요자들이 짜여진 프로그램에 따라 수동적으로 참여했지만, 점차 창의적이고 선택 가능한 체험 프로그램들을 선호하고 있다. 수요 계층이 다양해지고, 농촌 체험의 트렌드가 빠르게 바뀌고 있다. 이에 대비한 방안 마련이 요구된다.

일부 주민 주도의 단편적인 체험 프로그램만으로는 한계가 있을 수밖에 없다. 유능한 리더의 유고 또는 리더들의 피로도가 가중되고, 운영상 어려운 변수들이 나타나게 되면 체험마을은 지속되기 어렵다. 따라서 다수 주민의 참여, 역할 분담, 끊임없는 지역 역량 강화, 젊은층 정착 및 참여 유도, 운영 체계 개선 등이 이루어져야만 지속 가능한 운영이 될 수 있을 것이다. 수미마을이 추진하고 있는 마을 역량 강화 및 아웃소싱을 고려한 운영 체계 개편, 청년창업농 육성 및 정착 지원, 소사장 제도 등이 조기에 정착될 수 있도록 하는 노력이 필요한 시점이다.

또한 업그레이드된 협력 방안이 모색되지 않으면 안 된다. 양평군 중심의 중간 조직과 군내 체험마을들과의 협력 체계를 넘어선 다양한 네트워킹이 이루어져야 한다. 관련 숙박업소, 인근 영어마을, 체험 외 관련 프로그램 운영 마을, 인근 농장들, 용문산 관광지, 세미원 등과 연계 협력 방안을 지금까지보다 다양하게 모색할 필요가 있다.

과거와 다른 변수 발생

최근에는 긴 장마, 장기적인 혹서기, 온난한 겨울, 혹한 등이 발생하여 계절별 변수를 극복해야 한다. 또한 체험 프로그램 운영에 직접적인 영향을 주는 사고(세월호 등 재난·안전 사고) 및 전염병(메르스, 돼지열병, 사스, 코로나19 등)으로 인한 리스크를 줄이기 위한 노력이 필요하다.

이러한 변수들을 극복하고 원만한 농촌관광사업을 위해 경영상 문제점들을 찾아내고, 한계 극복을 위한 중장기 차원의 대책과 방안이 마련되어야 할 것이다. 수미마을의 365일 체험 프로그램만으로는 한계가 있으므로 실내 시행 프로그램 운영, 가족 단위의 선택적 프로그램 참여, 중장기 차원의 양평살이 활성화, 제조 가공 프로그램 운영, 요리 교실 개설 등 다변화 전략을 구사할 필요가 있다.

농촌관광지의 방문객 수, 매출액, 수익 등 실적 위주에서 지역사회 활성화에 얼마나 기여하고 있는지를 파악하는 것이 중요하다. 체험마을사업이 미치는 주민 행복지수의 변화, 다수 주민의 참여와 과실 공유 정도, 지역사회의 소통과 화합에 가치를 부여하는 경향이 두드러지고 있다.

주민 삶의 질 제고 수요 증대

주민들의 행복한 삶 추구

그동안 수미마을은 최성준 위원장을 비롯한 리더들과 주민들의 적극적인 참여하에 체험마을로서 성과를 내 왔으며, 전국적으로도 농촌체험마을로서 모델이 되고 있다. 이제는 실질적으로 주민 삶의 질을 높이기 위한 구체적인 노력이 뒤따라야 한다. 2019년에 개정된 수미마을의 정관에 명시된 대로 '다 함께 행복위원회'가 제대로 구동되어야 한다.

다 함께 행복위원회는 마을 회원, 지역 주민, 방문객, 그리고 고객들이 다 함께 행복한 관계와 만남, 경험을 갖도록 운영되어야 한다. 행복위원회의 계획·결정 및 지도에 따라 행복사업을 지원하는 행복지원단이 역할을 할 수 있어야 한다. 회원이 아닌 사람들이 행복 사업에 동참하고자 하는 경우에는 행복봉사단원으로 위촉하고 명예회원의 자격을 주고 있는바, 행복봉사단 역량을 활용해야 한다. 체험마을 수익의 20%에서 40%까지 늘린 행복기금이 목적에 맞게 쓰여질 수 있도록 해야 하며, 실질적으로 주민의 행복지수가 제고되고 있는지 모니터링하고 반영해야 한다.

매년 수미마을 설립일을 기념하여 '다 함께 행복한 날'을 개최하도록 하고 있는바, 정관에 명시된 대로 필요한 경우 수시로 '다 함께 행복한 날'을 개최할 수 있도록 하는 것이 필요하다.

계층별 다양한 복지 수요 대두

주민들의 복지 수요는 계층별, 세대별로 많은 차이가 있다.

2020년 현재 65세 이상 고령 인구 비율이 34.3%이고, 고령화 추세는 더욱 심화될 것으로 추정되고 있으므로 노령 인구를 위한 복지 프로그램 개발과 운영이 우선 이루어져야 한다. 남녀 간 차이를 두지 않고 운영하는 프로그램, 성별 차별화된 프로그램 운영을 위한 다양한 수요를 파악하여 추진해야 한다. 그동안의 보건소, 농업기술센터 등에서 운영해 온 프로그램들을 마을 주민 수요에 맞추어 추진되어야 하며, 보다 창의적이고 실질적인 프로그램으로 운영되어야 한다.

반면에 65세 이하 계층에 대한 복지 수요도 다양하므로 체계적인 조사를 통해 수요를 파악하고 운영해야 한다. 또한 귀촌자를 위한 프로그램도 별도로 운영할 수 있어야 한다. 원주민들과의 차이가 분명히 존재하므로 이에 대한 운영이 무엇보다도 중요하다. 특히 수미마을의 경우 최근에 젊은 계층의 전입이 늘고 있음에 유의해야 한다. 이러한 프로그램이 원활히 추진될 수 있어야 젊은이들의 수미마을 정착을 도울 수 있을 것으로 판단된다.

수미마을의 발전 방향

젊은 리더 육성 및 정착 지원

젊은 계층의 귀농·귀촌 지원 대책

수미마을의 고령화가 지금과 같은 추세로 진행된다면 농촌관광의 지속적 운영이 어려워지는 것은 물론, 지역사회 유지를 위한 최소한의 주민도 남아 있지 않게 될 것이다. 따라서 젊은 사람들이 수미마을을 찾아 살게 할 기반 구축이 필요하며, 적극적인 지원 대책이 마련되어야 한다.

다행히 귀농·귀촌자의 증가와 젊은 계층의 농촌 이주 비율이 늘어남에 따라 지원 정책이 다양하게 마련되고 있다. 특히 청년창업농에 대한 교육과 함께 실질적인 지원 방안이 지속적으로 모색되고 있어 앞으로도 젊은이들의 농촌 이주는 증대될 것으로 예측된다.

귀농·귀촌자를 위해 교육 프로그램 시행, 영농 정착 지원사업 추진, 스마트팜 청년창업보육센터 운영, 취업 지원 등 각종 지원사업이 추진되고 있다. 이와 함께 귀농·귀촌자와 원주민 간의 소통과 어울림을 위한 프로그램 도입, 농촌 지역사회 활성화를 위한 귀농·귀촌자 역량 활용 방안 등이 다각적으로 마련되고 있으며, 실천 과정에서 어려움이 있으나 지역에 따라 어느 정도의 성과를 내고 있다. 이러한 정책에 부응하여 수미마을 역시 체계적인 젊은이 유치 방안을 마련하여 추진해야 한다.

젊은이들의 정착 지원 및 역량 강화

우선 수미마을의 유지 관리를 위한 젊은 리더들의 교육과 정착을 추진하고, 나아가 단월면·양평군까지 그 범위를 넓혀 나가는 것이 바람직하다. 수미마을에 정착하는 방법을 우선적으로 모색하며, 지역사회 정착을 위한 창업사업 공모 지원 및 관련 기관 취업을 알선해 주는 것이 과제다.

양평군과도 협조를 통해 방학 중 일자리 창출은 물론 교육생들에 대한 취업 알선도 적극적으로 해 나갈 계획으로 있다. 교육생들의 수미마을 정착을 위한 노력과 함께 양평 지역사회에 정착할 수 있도록 창업 공간 제공, 주택 마련 융자 알선, 주택 건축 기술 교육 등 다양하게 접근할 계획이다.

현재 임대로 운영되고 있는 클라인가르텐을 양평살이 프로그램과 연계하여 청년들이 실제 살아보면서 영농에 참여하기도 하고, 수미마을 체험 프로그램 운영 및 관리를 해 볼 수 있는 기회를 부여하는 방안도 고려하고 있다. 청년창업농 교육 프로그램의 활성화를 위해서도 적극적으로 추진해야 할 과제이기도 하다.

이러한 과정을 통해 경험을 쌓게 하고 경제 활동이 가능하게 되면 청년 정착을 위해 소사장 제도를 활용하여 구체적인 지원 체계를 이어 나갈 수 있을 것이다. 결국 수미마을을 비롯한 인근 지역에 정착하게 되는 청년들은 지역사회의 리더로서 역할을 하게 되며, 지역사회 활성화에 기여하게 될 것이다.

2019년부터 청년창업농 교육을 시행하고 있고 계속 추진해 나가려고 하며, 이들에 대한 지역 정착 노력도 지속적으로 할 계획으로 있다. (사)한국농어촌아카데미와 협약을 맺고, 소속 전문가들과 함께 젊은 리더 육성 및 지역 정착을 위한 노력을 할 것이다. 청년창업농들의 공모 사업에도 도전하고, 창업을 위한 멘토로서 역할을 할 수 있도록 시스템을 구축해 나갈 것이다. 젊은 리더들 교육이 활성화되면 전담 직원을 채용할 계획도 갖고 있으며, 교육생 관리 및 지역 정착을 위한 제반 노력을 경주한다.

청년창업농 교육 외에도 귀농·귀촌자를 위한 교육 프로그램을 만들어 운영하여 농촌 정착을 위한 기반을 만들어 간다. 교육 프로그램 개발이나 실행 재원에 한계가 있기 때문에 양평군·경기도 등 공공기관들과 공조를 취해야만 할 것이며, 추진되고 있는 교육 과정을 중심으로 표준 교재를 발굴하고, 새로운 교육 과정의 신설을 통해 젊은 리더들의 육성에 노력을 기울여야 할 때다.

이와 함께 관련 기관 간에 네트워킹 체계를 구축할 필요가 있으며, 교육을 받은 젊은 리더들이 네트워킹 체계를 구축하도록 하고, 이러한 네트워킹이 확대되어 많은 것들을 개척해 나갈 수 있는 기반을 구축토록 하는 것이 중요하다.

농촌관광의 새로운 패러다임 및 대응 방안

지속 가능한 체험 프로그램으로 개선

온난한 겨울, 장마 등 계절별 변수로 인한 운영상 한계를 극복하고, 체험 프로그램 운영과 관련된 사고(세월호 재난 사고, 안전 사고 등) 및 전염병(메르스 사태, 돼지열병, 코로나19 등)으로 인한 리스크를 줄이기 위한 대책을 마련한다.

우선 계절적 요인 극복을 위해 현재 시행 중인 365일 축제 프로그램 외에 제조품을 만든다든지, 양평살이 프로젝트에 따른 1년 단위 임대사업을 활성화하는 방안 등을 고려해 볼 수 있다. 양평살이는 클라인가르텐 운영·주말농장 운영·정원 가꾸기(가드닝) 등의 방안과 연계해서 추진해 볼 수 있는데, 특히 주말농장 운영에 있어서 단순한 영농을 넘어선 정원 가꾸기 프로그램을 병행하도록 하면 좋은 반응이 있을 것으로 예상된다. 계절성을 극복할 수 있는 프로그램 개발을 위해 영어마을·파주 헤이리마을·인근 농장들 등과의 MOU를 체결하고, 프로그램을 들여오거나 파견하여 추진하는 방법도 강구할 필요가 있다.

양평살이 프로그램의 이전 및 정착을 위해 다음과 같은 과정을 생각해 볼 수 있다. 차박을 하고 텐트를 칠 수 있는 공간을 제공하는데, 장소는 무료로 제공해 주고 편의 시설을 이용토록 하는 대신에 체험 프로그램 참여를 유도하고, 주말농장 참여가 양평살이까지 이어지는 계기를 마련할 수 있다. 야외 생활을 선호하는 현재의 트렌드에 맞추는 좋은 아이디어로서 체험 프로그램, 또는 주말농장 참여자에게 이런 제안을 해보는 방안도 생각해 보고 있다.

　이 외에도 체험 프로그램 운영 후 식자재의 유통 기간을 늘리기 위해 만들어 놓은 가공 공장에서 요리 만들기, 요리 교육 등을 운영할 계획이다. 천재지변으로 축제 및 체험 프로그램이 운영되지 못할 때를 대비해 주민 소득이 이어질 수 있도록 상품을 제조한다든지, 복지 프로그램을 통한 일자리 창출을 한다든지 등 방안을 모색하고 있다.

식자재 가공 공장

수요자 중심의 프로그램 운영 및 관리

수요자 입장에서 편의를 제공하고 만족도를 제고시킬 수 있도록 수 미마을이 공급자로서 배려할 수 있어야 한다. 또한 정부가 마련한 기준 에 부합하도록 프로그램을 구성하는 것은 물론, 수시 모니터링을 통해 품질 관리 및 서비스 개선을 해 나갈 계획이다.

체험 프로그램도 다양하고 수요자 계층도 넓어져 새로운 프로그램을 개발하고, 수요자 맞춤형 운영에 부응할 수 있는 수요자 관리 방안을 마 련하고 있다.

지금까지 체험 프로그램 운영은 수요자가 짜여진 프로그램을 선택하 여 수동적으로 참여하는 방식이었다면, 앞으로는 이러한 방식과 병행하 여 인솔자 중심에서 수요자들이 자유롭게 선택하여 체험을 즐길 수 있 도록 기존 프로그램을 보완하고, 새로운 프로그램들을 개발해 나간다. 효율적인 추진과 참여율 및 만족도를 제고하기 위해 가족 단위 중심의 체험 프로그램을 강화하고 다양화한다.

현재 진행 중인 체험 프로그램을 수요자 선택 방법으로 바꿀 때 경우 의 수가 1천 개 정도는 될 수 있을 것으로 판단된다. 원활한 관리 및 이 용을 위한 체험 프로그램 분석이 필요하다. 풀어야 할 과제다.

수요자 관리는 홈페이지에 DB를 구축해 놓고 관리하고 있다. 수미 마을, 체험 프로그램 참여자, 클라인가르텔 입주자, 교육생들 등 계층별 로 밴드를 만들어 소통하고 있다. 앞으로는 오프라인(Off-line)과 온라인 (On-line)을 병행한 수요자 맞춤형 수요를 관리하고, 체계 있게 서비스를 제공하는 방안을 모색하고 있다.

수요자 관리를 위해 양평군 및 중간 지원 조직과의 연계 협력을 고려하고 있지만, 개인 정보 공유는 개인 정보 보호와 관련해 한계가 있어서 우선 시스템을 공유하려 한다. 외국 수요자에 대해서도 정보를 공유하고, 지역 상품권과 연계한 패키지 상품 판매도 공조해 볼 계획이다.

지속적인 운영 및 관리 체계 구축

연계 협력 방안의 마련

그동안 추진되었던 인근 지역과의 연계 협력을 체계적으로 추진해 나갈 계획으로 있다. 앞으로는 인근 지역의 프로그램을 수미마을에서 적용한다든지, 펜션 손님의 농장 이용 및 제품 구입 등 계속 연계 방안을 모색할 것이다.

영어마을과 협약을 맺고 지역사회 개발을 위한 공동 교육 프로그램을 운영하고, 영어마을 시설을 활용한 1박 2일 또는 2박 3일 운영 프로그램을 운영할 계획이며, 영어마을의 영어교육 위탁 기관인 삼육재단을 통한 농촌관광 프로그램 및 농산물 판매를 도모하려고 한다.

그 밖에 관광회사를 통한 순회 프로그램을 양평농촌나드리와 함께 운영한 경우도 있었는데, 앞으로는 인근 농장들과도 협업을 확대하려 한다. 딸기 농장, 민물고기 생태학습관, 레일바이크, 용문산 관광지와 연계성을 강화할 것이다.

양평군과는 외국인 대상 프로그램 운영을 인근 단체와 공동으로 추진하는 방안을 고려하고 있으며, 양평군에서 직접 운영하고 있는 용문산 관광지·수자파크 등의 활용 또는 연계 방안도 모색하고 있다.

그동안 양평군과 함께 일자리 창출을 추진하며 지역 경제 활성화에 기여해 왔는데, 역할을 확대해 나갈 계획으로 있다. 이와 함께 수미마을 활동을 통해 양평 이미지 개선을 도모하며, '농촌에도 미래가 있다'는 새로운 모델을 제시하려 한다. 이렇게 함으로써 지역의 청년들이 외부로 나가지 않고 양평에서 생활할 수 있는 기반이 조성될 수 있을 것으로 기대한다.

소사장제 정착을 위한 노력

현재 수미마을은 농업, 또는 체험 법인 중심으로 운영되고 있는바, 이 해관계자들과 의논하여 협동조합 운영 방안도 모색할 계획으로 있으며, 농업 및 체험을 포함한 경제 활동 중심의 현재 틀에 의료·복지·여가 활동·재해 방지 등 커뮤니티 활성화를 위한 사회적 협동조합 개념을 도입해 보는 방안도 생각해 보고 있다. 수익을 공유하고, 수익의 일부를 삶의 개선을 위한 부문에 투입한다는 이러한 시도가 성공을 거둘 수 있다면 수미마을 사례가 좋은 모델이 될 수 있고, 파급 효과가 클 것이라고 판단된다.

소사장제는 수익의 일부를 환원하여 참여하지 못하는 주민들과 함께 과실을 나누는 것이 바람직하다. 수익에 따른 혜택이 다수에게 돌아갈 수 없다면 한계가 있을 수밖에 없다. 결국 소사장제는 다수를 위한 제도로 정착되어야 하며, 소사장들이 리더로서 역할을 하게 되어 지역사회가 지속적으로 유지되기 위한 것이어야 한다.

이와 함께 소사장제를 추진하는 과정에서 상품의 질을 높이고, 상품을 개발하며, 마케팅에도 혁신하는 등 변화를 추진한다. 단가도 1.4배 정도로 높여 일자리 창출로 이어질 수 있도록 하며, 소비자에게도 양질의 상품을 공급할 수 있도록 한다. 그에 따른 마을로의 수익 환원도 증대시켜 나갈 계획이다.

결국 마을사업의 이미지도 바꾸고, 일자리 창출을 기하며, 행복기금을 늘려 나가고, 마을을 이끌어 갈 역량도 강화하는 계기가 될 것이다.

마을 역량에 맞는 운영 체계 마련

운영 체계 개편

지속성 차원에서 운영 조직을 작게 하고 전문화할 계획으로 있으며, 이를 위해 인재 양성을 추진하고, 귀촌자 연계 사업이나 창업을 준비하는 사람들에게 공간 제공 등 다변화해 나갈 예정이다. 또한 마을 중심 운영 체계에서 이해관계자들에게까지 운영의 참여 범위를 넓혀 나갈 것이다. 그들에게도 경제 활동을 좀 더 잘 할 수 있도록 하기 위한 방안을 모색하고자 한다.

의사 결정 기구 보완 및 역량 강화 추진

총회에서 일정 부분을 위임받아 운영위원회에서 결정하였고, 자문위원회를 통해 부족한 부분을 보완해 왔는데, 여건 변화에 따른 융통성 있는 의사 결정을 위해 운영위원회를 정례화하고, 전문성 강화 측면에서 전문위원을 보강하도록 할 계획이다. 또한 총회를 자주 열어 마을 운영과 관련된 정보를 공유하고, 소통과 화합 분위기를 조성해 나가는 방안을 모색하고 있다.

현재와 같은 소수 리더 운영 중심으로부터 리더의 유고 시를 대비하여 운영 참여자들을 전문위원으로 육성하여 원만한 운영을 추진하며 지속 가능성을 키워 나가야 한다. 이와 함께 관련 업체들과의 협업 체계를 공고히 하며, 업체들과의 계약 관계를 정립하여 상생할 수 있는 방안을 모색해 나갈 계획이다.

지금까지 논의된 것들이 실행에 옮겨지기 위해서는 여건이나 사안에 따른 맞춤형 역량 강화가 체계적으로 추진되어야 한다.

마을 주민을 대상으로 문제 인식 및 마을 공동체 가치를 공유토록 하며, 마을 발전 방향을 함께 모색할 기회를 가져야 할 것이다. 수미마을 자체적으로는 서비스 개선 교육, 가공 및 유통·판매 교육이 체계적으로 준비되어야 한다. 이와 함께 상품 개발을 통한 지역 소득 제고로 이어질 수 있도록 할 것이며, 복지 프로그램을 통한 마을 소득 증대를 모색하는 계획도 필요하다. 소사장제 정착을 위한 체계 정립과 전문성 강화 교육이 필요하며, 마을의 지속적 유지 관리를 위한 안전, 환경 보전 교육도 병행되어야 한다.

주민 참여 활성화와 주민 행복 추구

'다 함께 행복한 날' 활성화

행복한 삶을 영위하기 위해서는 물리적인 생활환경 개선, 주민들의 원만한 관계 형성과 함께 하고 싶은 여가활동을 통한 심리적인 안정을 갖게 하는 것이다. 마을을 지켜 온 고령 인구가 새로 들어와 살게 될 젊은 계층을 위한 교류의 장 마련과 맞춤형 복지 프로그램이 운영되어야 한다.

지금까지는 체험 프로그램 운영이 불특정 다수의 도시민 중심이었는데, 지역사회와 함께한다는 측면에서 지역 주민을 위한 프로그램이 모색되어야 한다. 양평 지역 주민들에게는 일부 할인 혜택을 주고 있었고, 지역 주민들을 대상으로 방과후 프로그램 운영 등 지역 주민들만을 위한 프로그램들을 여러 번 시도하였다. 이제는 돔하우스를 활용하여 영농 교육장으로서의 컨셉을 가지고 프로그램들을 개발해 나가려 하고, 좀 더 다양한 방안을 마련할 계획이다.

수미마을 정관 제68조에 규정되어 있는 '다 함께 행복한 날' 행사를 적극 활용하여 주민의 참여율을 높이고, 마을에 대한 자긍심을 높여 가는 계기를 마련해 나간다. 함께하는 가치의 실현, 어울리는 공동체를 만들어 나갈 수 있도록 구체적이고 체계적인 프로그램을 만들어 시행한다.

정관에 명시된 바에 따르면, 행복위원회 주체로 수미마을 설립일에 '다 함께 행복한 날'을 개최하고, 필요한 경우 마을 회원·지역 주민 방문객·고객들이 다 함께 행복한 관계와 만남·경험을 갖기 위해 수시로 '다 함께 행복한 날'을 개최할 수 있도록 하고 있다. 따라서 수미마을이 365일 체험 활동을 지향하고 있는 것과 마찬가지로 행복기금을 활용하여 다 함께 행복할 수 있는 기회를 가능한 한 많이 만들어 추진할 수 있도록 한다.

수미마을의 돔 하우스

수익 공유를 통한 주민 참여 활성화 추진

공평한 수익 배분과 과실(果實) 공유

수익은 필요시에만 분배했는데, 앞으로는 분배 기준을 보완하고 분기별 연간 계획을 세워 체계적으로 집행해 나갈 계획이다. 이행 과정을 모니터링하여 주민에게 돌아가는 직접적 혜택을 늘려 나갈 수 있는 방안을 연구하려 한다.

현재 체험 프로그램 관리자에 대해 월 1회 인건비를 지급하고 있고, 식자재 농산물 납품에 대한 대가 지급, 토지주에게는 임대료 지급 외에도 기반 시설 확충·환경 관리·경관 개선 등 자산 가치 증진을 도모해 왔다. 이제부터는 이 외에도 '다 함께 행복한 날' 프로그램을 실시하는 재원을 확충하여 집행하려 한다. 주민 모임에 따른 식사 비용을 수미마을에서 제공하며, 2019년부터는 순익의 10%를 마을 복지기금으로 적립하기 시작했다.

마을 주민의 편익 증진과 사업 준비금 확충 등 수익의 배분 구조를 대폭 개선해 나가려 한다. 현재의 출자 배당 20%, 참여 인센티브 20%, 적립금 20%, 사업 준비금 30%, 마을 배당금 10% 등으로 구성되어 있는 것을 출자 배당 20%에서 10%로 낮추고, 참여 인센티브 20%를 없애며, 적립금은 30%에서 40%로 확충하고, 마을 배당금 10%는 마을 복지기금으로 대체하는 것이다.

적립금 40%는 행복기금으로 조성하여 수미마을 비영리단체를 만들어 집행해 나가려고 한다. 지금까지는 문제 발생 시 시급한 경우와 시설 개선에 사용해 왔는데, 앞으로는 행복기금으로서 기능을 할 수 있도록 세부적으로 규정 및 운영 프로그램을 개발하여 목적에 맞도록 활용해 나갈 계획이다.

수익의 운용 조정 내역

(단위 : %)

구분	현재	조정	증감	조정 내역
출자 배당	20	10	-10	주민 편익 증진 비용 일부 이전
참여 인센티브	20	0	-20	주민 편익 증진 비용 대체
적립금	20	40	+20	행복기금으로 조성
사업 준비금	30	40	+20	문제 발생 및 불확실성 대비
마을 배당금	10	0	-10	마을 복지기금으로 대체
마을 복지기금	0	10	+10	마을 배당금에서 변경 조정
계	100	100		

사업 준비금 40%는 축제 운영 및 시설 관리 등 운영 비용으로 사용되었지만, 불확실성에 대비하고 문제 발생 시 보조를 위한 재원으로 쓰이게 될 것이다. 이와 함께 수미마을의 지속적인 발전을 위한 비전 설정 및 중장기 계획 마련을 위해 2030 장기 발전 계획을 수립하고, 행복기금을 활용할 계획이다.

행복한 공동체 만들기 확대 시행

커뮤니티 소통 공간 마련

마을 공동체 활성화를 위해 2019년부터 다양한 변화를 시도하고 있다. 커뮤니티 소통 공간을 위해 도서관을 만들어 책을 비치하고 있으며, 운영 프로그램도 만들고 있다. 주민들의 다양한 의견을 수렴하고 소통해 나갈 수 있는 공간으로 만들어 갈 계획으로 추진하고 있다. 이를 통해 마을의 역사를 기록하는 과정에서 지금까지의 추진 성과와 과제를 찾아내어 마을이 발전하는 계기를 마련하고 있다.

복지 프로그램의 전략적 운영

창립기념일에 '다 함께 행복한 날' 기획 및 실행 과정에 주민들의 참여가 이루어질 수 있도록 할 계획이다. 행복기금의 확충과 효율적인 집행을 통해 실질적인 주민의 행복을 키워 나가도록 하는 기반을 마련한 것이다. 앞으로는 다양한 프로그램을 개발하여 정기적인 행사 외에도 수시로 '다 함께 행복한 날'을 개최해 나갈 것이다.

'민물고기 먹는 날'을 정해 옛날의 추억을 살릴 수 있는 천렵문화 재생을 기해 볼 생각이다. 가족들을 초대하고, 도시민 참여도 유도하며, 농산물 판매까지 도모해 볼 계획이다.

지난 해 여름에서 가을로 접어드는 비수기에 KT와 '몽땅구이데이(Day)'를 추진하였다. 밴드를 통해 3천 명에게 소개하여 1천500명이 참여 의사를 표하였고, 그중 500명 정도가 방문했다. 요리 대회와 사냥 대회를 개최하고, 주민들로 하여금 심사하도록 하였는데 반응이 좋았다. 별도의 입장료는 받지 않는 무료 개방으로, 재료비와 음식비의 50%만 받고 운영하였다. 그래도 적자가 나지는 않았다. 소비자에 대한 서비스로 비수기에 운영해 본 '몽땅구이데이'는 주민이 함께 어울릴 수 있는 좋은 기회로서 1회 더 개최해 보고 발전시켜 나갈 계획이다.

상호 교류 및 소통에 있어서 남성에 비해 활발한 활동을 하고 있는 부녀회가 중심이 되어 복지 프로그램을 운영해야 한다. 행복위원회 위원에 가능한 한 부녀회원들이 많이 참여할 수 있도록 하는 것이 필요하며, 행복 지원단의 구심적 역할을 할 수 있도록 해야 한다. 복지 프로그램의 개발 및 운영에 있어서도 부녀회원들의 참여가 필수적이다. 역할과 권한이 동시에 부여되어야 한다.

귀촌자의 역량을 적극 활용한다. 역할 부여는 물론 마을 강사로서 활동할 수 있도록 여건을 조성해야 한다. 이러한 활동을 통해 마을 일에 동참하게 되며, 마을 리더로서의 역할을 기대해 볼 수 있다.

복지 프로그램의 다변화를 추구해야 한다. 세대별, 원주민과 귀촌자별 복지 프로그램을 차별화하여 운영하는 한편, 어울릴 수 있는 프로그램도 병행해야 한다.

그 밖에 비회원인 행복봉사단의 역량을 마을 복지 프로그램 운영에 적극 활용토록 하는 구체적인 방안이 마련되어야 한다.

🌲 수미마을 연혁

2006. 7. 1. 수미마을 체험마을 추진위원회 구성

2006. 7. 1.~2007. 3. 20. 수미마을 체험 활성화 방안 연구

2007. 3. 20.~12. 31. 녹색농촌체험마을 체험관 건립(양평군 지원)

2007. 12. 31. 수미마을 회칙 제정

2008. 체험객 유치 800명

2009. 수미마을 무급 사무장 도입과 운영

2009. 체험객 유치 2,500명

2010. 농촌체험휴양마을 사업자 지정 및 유급 사무장 도입과 운영

2010. 4. ㈜농심 수미칩과 업무 협약

2010. 체험객 유치 1만 명

2011. 1. 18. 수미마을 회칙 개정

2011. 5. 31. 농업회사법인 ㈜광장과 수미마을 MOU 체결

2011. 7.~2012. 2. 농림축산식품부 지정 녹색농촌체험마을

2011. 8. 22. 영농조합법인 수미마을 설립 및 조직화

2011. 11. 11. 경기도 지정 예비 사회적 기업 선정 및 클라인가르텐 1차
　　　(5동) 수주와 운영

2011. 체험객 유치 1만 7천500명

2012. 2. 한국관광공사가 추천하는 2월의 여행지 전국 6선에 선정

2012. 체험객 유치 2만 7천300명

2012. 제1회 물맑은 양평 빙어축제 개최

2013. 1. 경기도가 추천하는 1박 2일 여행지 4선에 선정

2013. 365일 축제 개발 완료(봄−양평 딸기축제, 여름−메기수염축제,

　　가을−몽땅구이축제, 겨울−물맑은 양평 빙어축제)

2013. 1. 제2회 물맑은 양평 빙어축제 체험객 유치 2만 2천 명

2013. 양평 딸기축제 체험객 유치 1만 3천500명

2013. 메기수염축제 체험객 유치 1만 750명

2013. 체험객 유치 4만 6천250명

2013. 6. 농식품부와 농어촌공사가 추천하는 여름 휴가지 전국 9선 선정

2013. 11. 등급제 지역 만들기 제안 공모 사업 '최우수상' 수상

2013. 12. 양평군 행복 공동체 지역 만들기 공모 사업 '최우수상' 수상

2013. 12. 17. 제3회 대한민국 농촌마을 대상 '대통령상' 수상

2013. 농촌체험휴양마을사업 전 등급 1등급으로 '으뜸촌' 선정

2014. 제3회 물맑은 양평 빙어축제 개최

2014. 3. ㈜농심 수미칩 감자 계약 재배

2014. 경기도 시범 사업 수주와 마을 갈등 시작

2015. 농촌체험휴양마을사업 전 등급 1등급으로 '으뜸촌' 선정

2015. 체험객 유치 5만 7천802명

2016. 지역 만들기 사업, 딸기 카페 지원사업, 카누 제작 학교 운영사업, 시
　　골동네 농산물직판 가공 시설사업, 체재형 작은 텃밭 사업, 양평 딸기
　　코 문화 체험장 사업, 6차 산업 인증 완료

2016. 수미마을 정관 개정(13명 회원에서 현재 정회원 35명, 준회원 24명, 명예
회원 40명 등 총 99명, 지역 주민·전문위원 참여 / 수미마을과 영농조합법인
사업 영역 구분)

2016. 12. 시골동네 농산물직판 가공사업 가공 공장 신축 및 운영

2016. 갈등 관리 및 경기도 시범 사업 준공과 운영

2016. 체험객 유치 6만 149명

2017. 경기관광공사가 추천하는 1월의 여행지로 추천 선정

2017. 4. 수미마을 방문자 센터 신축 및 운영, 양평살이 체재형 작은 텃밭
20동 신축 및 운영

2017. 9. 제4회 행복마을 콘테스트 소득 체험 분야 '동상' 수상

2017. 11. 농촌체험휴양마을사업 전 등급 1등급으로 '으뜸촌' 선정

2017. 체험객 유치 6만 7천423명

2018. 에너지 자립 마을 태양광사업 유치

2018. 에너지 자립 마을 태양광사업 완료 후 운영

2018. 비영리단체 수미마을 고유번호증 신청

2018. 온누리 상품권 가맹점 등록

2019. 농정원 청년귀농 장기교육사업 제1기 운영(10명 수료)

2019. 1. 22. 수미마을 안전 사고(트랙터 마차 밀림) 발생

2019. 농촌체험휴양마을사업 전 등급 1등급으로 '으뜸촌' 선정(2013·2015·
2017·2019년 4년 연속)

2020. 농정원 청년귀농 장기교육사업 제2기 운영(15명 수료)

에필로그_엄서호

양평 수미 농촌체험휴양마을사업 추진 과정은 농촌 지역 활성화에 관심을 갖는 사람들이라면 박수 치며 공감할 수밖에 없는 이야깃거리다. 특히 공동체 기반 농촌관광사업을 추진코자 하는 농촌 마을들이라면 꼭 참고해야 할 성공 사례임에 틀림없다. 그러나 여기서 반드시 짚고 넘어가야 할 점은 일반적인 농촌 마을에 수미마을 모델을 적용하는 것은 실질적으로 거의 불가능하다는 것이다.

수미마을의 성공 스토리는 수도권에 입지해 수요 확보가 용이하고, 뛰어난 리더십을 통한 공동체 기반 지속 가능한 운영이 있었기에 가능하였다. 그러나 이러한 조건을 모두 갖춘 농촌 마을을 찾는 것은 거의 어려운 현실이기 때문에 수미마을 스토리는 비현실적인 이야기에 그칠 수밖에 없다. 지금까지 조성된 전국 1천여 개 농촌체험휴양마을 운영 사례를 살펴보면 수미마을같이 공동체 기반 사업으로 추진되었지만 실질적으로 공동체보다는 개별 사업체 중심으로 운영되고 있는 마을이 대부분이다.

이러한 현실이 농촌체험휴양마을사업의 실패로 받아들여지는 것에는 동의할 수 없다. 왜냐하면 수미마을같이 공동체 기반 체험휴양마을 운영 방식은 매우 이례적이고, 개별 사업체 중심 체험휴양마을 운영 방식은 방문 수요가 한정되고 사업 추진 효율성이 떨어질 수 밖에 없는 농촌 현실에는 아주 일반적이기 때문이다. 수미마을 이야기를 써가면서 얻을 수 있었던 교훈 한 가지는 이제부터라도 공동체 기반 농촌체험휴양마을사업에서 개별 사업체 선도 농촌체험휴양마을사업을 시작부터 구별해 차등 지원할 필요가 있다는 점이다.

처음부터 모든 마을이 공동체 중심으로 함께 출발하기보다는 열정을 가진 특정 주체가 주도되어 혁신을 이루어 낸 다음에 이들의 영향력을 마을이나 주변에 확산시키는 전략도 필요하다는 의미다. 이러한 관점에서 수미마을 성공 스토리는 수요 확보와 리더십 등이 핵심 요소이므로 일반적인 농촌 마을에 적용하기에는 제한적이라 생각되며, 오히려 벤처기업 같이 개별 사업체 중심으로 농촌관광사업을 추진하는 것도 농촌 마을은 물론 농촌 지역 활성화에 효과적일 수 있다는 점을 깨우치게 한다.

에필로그_유상건

수미마을의 지나온 발자취를 정리해 본다는 것은 농촌관광의 성공 사례와 함께 농촌체험휴양마을이 나아갈 방향을 제시하고 있다는 데에 의미를 가져 볼 수 있다. 이뤄 낸 성과에 비해 마을 내 불협화음이나 문제점들이 없던 것은 아니지만, 지금까지 농촌체험휴양마을 운영 과정상 시사하는 바가 큰 것은 말할 나위가 없다.

이제 수미마을은 지나온 시간을 반추하고 새로운 도약을 위해 노력할 시점에 와 있다. 농촌 체험에 대한 수요 계층이 다양해지고 트렌드가 빠르게 바뀌고 있는 농촌관광의 패러다임에 부응하고, '마을'이란 지역사회가 추구해야 할 가치를 정립할 필요가 있다.

고령화되고 있는 마을의 지속적인 발전을 위해 아웃소싱을 고려한 운영 체계 개편, 젊은이의 마을 유입을 위한 청년창업농 육성 및 정착 지원, 소사장 제도 등이 조기에 정착될 수 있도록 하는 노력이 필요한 시점이다.

나아가 지금까지 이룬 과실을 지역사회와 공유하는 노력을 해 나가야 한다. 인근 마을들, 단월면, 양평군에 이르기까지 지역사회 활성화를 위한 농촌관광의 플랫폼으로서의 역할을 해야 한다. 기후의 변화·전염병 발생·사고 등 재해 대비를 위한 프로그램 개발 및 운영, 연계 협력 방안의 실현, 경영 노하우 공유, 국제화에 따른 대비 등이 그것이다.

이와 함께 마을 주민의 행복지수를 높이는 방안들이 적극적으로 마련되어야 하며, 들어와 살고 싶어 하는 사람들이 늘어나는 마을이 될 수 있는 기반을 인근 지역사회와 함께 구축해 나가야 한다.

에필로그_윤상철

10년이라는 결코 짧지 않은 기간을 함께했던 수미마을의 책 집필에 저명한 학자, 교수님들과 같이 참여함에 개인적으로는 무한히 영광스

럽고 감사한 일이었다.

　우선, 그간 집필을 도우며 가장 인상 깊었던 것은 마을 사람들에 대한 애환(책 집필을 위해 마을 어르신 인터뷰할 때), 당신들의 힘드셨던 옛 생각에 눈시울을 붉히는 것을 보게 되고, 결코 녹록지 않은 삶의 애환이 서린 마을이라는 생각을 하게 되었다. 바로 그 토대 때문에 이렇게 수미마을의 훌륭함을 보게 된 것임을 알 수 있었다.

　체험지도사로서 함께할 때, 많은 체험객이 몰려오면 주방에서 일하는 주민들이 힘들어하고 지쳐하는 모습을 보았다. 과연 무엇을 위해 힘들고 지치게 일하는가 몇 번쯤 반문했던 경험이 있었는데, 그 힘든 상태에서 지어지는 밥과 음식이 과연 체험객에게는 어떤 맛이었을까 말이다. 그래서 수익만을 목적으로 체험을 위한 마을이 되지 말고 주민들이 진정으로 행복한 수미마을이 되기를 바라는 마음으로 책 끝말을 쓴다.

에필로그_이병기

　수미마을의 성공 경험을 기록하면서 한 가지 의문이 생겼다. 아무리 둘러봐도 뚜렷한 그 무엇이 보이지 않는데, 어떻게 이렇게 성공을 할 수 있었을까 하는 것이다. 수려한 경관을 가진 것도 아니고, 그렇다고 특별히 내세울 어떤 이야깃거리가 있는 그런 곳도 아니다. 그저 우리 앞에 널려 있는 그렇고 그런 평범한 시골 마을에 불과했다. 한때 전국적으로 1천 개가 넘는 농촌체험휴양마을이 잠시 반짝하다가는 대부분 자취를 감춰 버렸다. 이러한 현실에 이르러서는 그 이유에 대한 궁금증이 자못 더해 갔다. 무엇이 수미마을로 하여금 다른 체험휴양마을과는 달리 성공 가도를 달려가게 했을까?

수미마을이 걸어온 그동안의 역정을 정리하면서 무엇보다 개방적인 마인드가 눈에 띄었다. 농촌 마을은 폐쇄적이라는 것이 일반적 인식이다. 외지인들이 들어와서 동화되기가 쉽지 않다는 것이다. 그도 그럴 것이 농촌 마을이란 것이 좁은 장소의 지연(地緣)을 매개로 오랜 세월에 걸쳐 형성된 촌락 공동체이기 때문에 그 진입의 벽이 높을 수밖에 없다. '집집마다 숟가락이 몇 개인 것까지 속속들이 서로 알고 있는' 상호 밀접한 공동체의 관계망 속에 쉽게 접근하기가 본래부터 어려운 것이 사실이다. 어떻게 보면 지극히 자연스러운 현상의 하나라는 생각도 든다. 문제는 폐쇄적이다 보니 외부로부터 변화와 성장 동력을 받아들이기가 어렵고, 그럼으로써 정체와 침체의 늪에 빠져 버리기 십상이라는 데 있다. 농촌 지역 발전의 최대 장애 요인의 하나로 꼽히는 배경이 여기에 있다.

그러나 수미마을은 달랐다. 서울에 붙어 있는 수도권 소재 농촌 지역인 관계로, 외지 도시민들의 유입이 간헐적으로 있어 왔는데, 언제나 이들을 구분하지 않고 열린 마음으로 대해 왔다. 예컨대, 마을에 산을 가시고 있던 외지인이 마을 청년들과 공동으로 염소 목장 조성사업을 시도하기도 했고, 귀농한 젊은 부부에게 마을 총무와 부녀회장을 맡기기도 했다. 마을체험휴양사업을 하면서부터는 외지에서 온 젊은이에게 그 열의와 성실함을 보고는 급기야 추진위원장으로 추대하기까지했다. 이러한 일련의 과정은 다른 농촌 지역에서는 보기 드문 모습임에 틀림 없다. 단언컨대, 수미마을의 독특한 개방 성향이 오늘의 수미마을을 있게 한 원초적인 힘의 원천이었음을 부인하기 어렵다.

두 번째는 체험휴양마을 추진위원장을 비롯한 마을 리더들이 보여 준 높은 역량을 또 하나의 성공 요인으로 꼽아 본다. 이들 마을 리더들 은 마을개발사업들이 마을 공동체 주도로 이루어져야 지속 가능함을 알았다. 그래서 본 사업에 참여하는 마을 공동체의 실질적 참여를 유도 하고, 그 총체적 역량을 최대한 이끌어 내는 노력을 게을리하지 않았다. 명목만 마을 공동체가 주체가 되는 그런 위장된 마을 공동체 사업이 아 니라 체험휴양마을사업의 실질적 주체는 곧 마을 공동체 그 자체였다. 실제로 체험휴양마을사업 관련 모든 결정은 마을 공동체 총의에 의해 이루어졌고, 마을 주민들의 의견을 효과적으로 수렴하기 위해 추진위 원회 회의를 매주 정해진 날짜와 시간에 정기적으로 갖는 장치를 제도 화하여 운영하였다. 이 과정에 추진위원장과 리더들의 잠재적 역량이 충분히 발휘되었다. 모든 것을 소상히 설명하고 설득하며, 사업 추진 전 과정을 또 투명하게 공개하였다. 마을 공동체 구성원 모두가 주인이 되 는 적극적인 참여 의식을 고취함으로써 체험휴양마을사업 추진 동력을 최대한 끌어올리는 하나의 모티브가 되었다.

수미마을의 성공은 개방성과 함께 수미마을 공동체의 총체적 역량에 힘입은 바 크다는 점을 말해 주고 있다. 동시에 마을 공동체의 역량을 이끌어 내는 리더들의 역할 또한 중요한 성공 요인의 하나임을 지적하 고 있다. 많은 다른 체험휴양마을이 그랬듯이 정부 지원을 염두에 두는 외부 의존적 개발 방식은 결코 아니었다. 애초부터 정부 등 외부 지원에 대해서는 크게 관심을 두지 않았다. 지금까지 이루어진 많은 외부 지원 도 스스로 성과를 보이니까 자연스럽게 따라오는 그런 지원에 불과한 것이다. 굳이 말하자면 스스로의 동기 부여와 스스로의 자원에 의지하여 개발해 가는 '내발적(內發的) 개발'이며, 그것은 요즘 개발 이론에서 대세를 이루는 '상향식 개발 원리'에 입각하여 체험휴양마을사업을 줄곧 추진해 왔음을 시사하고 있다. 요컨대, 수미마을은 새로운 개발 패러다임의 요체인 상향식 개발 원리의 타당성을 설득력 있게 잘 보여 주는 귀중한, 살아 있는 하나의 사례다. 수미마을의 그동안의 경험은 이런 이론적 맥락에서 그 의미가 평가되고 인식되어야 할 것임을 강조해 둔다.

에필로그_최식인

10여 년 전 즈음인가, 경기도 마을 포럼을 진행하면서 우리는 농촌마을을 어떻게 하면 활성화시킬 수 있을까 하는 고민을 한 적이 있다. 그러던 중에 마침 선진 마을 견학차 수미마을을 방문하게 되었고, 이곳에서 그 실마리를 찾을 수도 있겠다는 생각을 한 바 있다. 그러나 당시에는 생각뿐 실행에 옮기지는 못하고 말았다. 그 후에 의기투합하여 농촌 활성화 일을 시작하게 되었고, 그러던 중에 이 책의 집필이 이루어지게 되었다.

집필을 위하여 먼저 최성준 위원장을 비롯한 관계자들과 인터뷰를 진행하였다. 그 과정에서 10여 년 전에 가졌던 생각을 다시 떠올리며 관심은 자연히 '수미마을의 성공 요인은 무엇일까'에 집중되었다. 그리고 이곳에는 미처 인지하지 못했던 여러 가지 요인들이 작동하고 있음을 깨닫게 되었다.

수미마을이 오늘날과 같이 성공한 마을기업으로 도약할 수 있었던 요인들은 이 책의 도처에서 찾아볼 수 있다. 그 가운데 몇 가지를 들어보면 지도자 및 주민들의 열정과 헌신, 예비 사회적 기업의 경험, 소사장 제도의 도입, 자체 예약 제도의 개발 등이다. 우리는 이들 요인이 수미마을을 어떻게 변화시켰는지에 관심을 두고 그 의미를 조명해 보고 싶었다.

농촌 마을에서 농민이 합리적으로 행동한다고 하더라도 효율성이 보장되기 위해서는 올바른 제도나 여건이 마련되어야 한다. 우리의 농촌에는 아직도 시장의 미비함이 존재한다는 현실을 감안하면 당시에 선제적으로 자체 예약 제도를 개발한 것은 매우 현명하고 적절한 선택이었다. 또한 소사장 제도의 도입은 사회적 공동체 기업에 내재된 비효율성의 문제를 극복하기 위한 시도라는 점에서 의의가 크다.

무엇보다도 수미마을의 성공을 가능하게 했던 것은 이러한 제도나 여건을 마련하고 실행에 옮기게 한 리더십이라고 할 수 있다. 우리의 농촌에는 개인의 합리성이 공공의 합리성을 보장하지 못하는 영역이 상당 부분 존재한다. 이러한 미비점을 보완하기 위하여 적절한 제도의 마련이 필요한데, 그러자면 무엇보다도 훌륭한 농촌 리더의 존재가 전제되어야 할 것이다.

마을기업으로서 수미마을은 훌륭한 리더가 있어서 좋은 제도와 사업을 적절히 채택하였다. 그리고 이러한 바탕 위에서 주민들이 그들의 능력을 충분히 발휘할 수 있었고, 결과적으로 수미마을이 오늘날과 같은 위치까지 오게 되었다.